Zu diesem Buch

Ob wir es nun wahrhaben wollen oder nicht: Alle spüren wir, daß die Menschheit an einem Wendepunkt ihrer Entwicklung steht. Wie jeder Übergang verursacht auch dieser Probleme: alte Regeln, die bisher nützlich waren, verlieren an Gültigkeit, alte Leitbilder können uns immer weniger als Basis für unser Tun dienen, und täglich werden weitere Fixpunkte unserer gewohnten Welt in Frage gestellt. Daraus entstehen eine große Verunsicherung und Angst vor der Zukunft.

Gernot Brückner traf in Frankreich «Claude», der hinter die Dinge sieht und offenen Zugang besitzt zu anderen Dimensionen, die hinter den uns bekannten liegen. Er sagt, daß dort, jenseits unserer vertrauten Welt, Kräfte am Werke sind und sich Entwicklungen anbahnen, die unser Vorstellungsvermögen einfach überfordern. Wir müssen diese neuen Gesetze, nach denen sich unsere Erde zu verändern beginnt, kennen. Wir müssen wissen, wie diese neuen Energien arbeiten und auf uns wirken. Und dann müssen wir experimentieren. Jeder muß seine Erfahrungen machen. Und wo können wir, wo müssen wir die Erfahrungen machen? Im täglichen Leben, in unserem Alltag! Dort können wir lernen, mit der Intuition zu arbeiten. Und dann wird sich alles verändern.

Gernot Brückner hat seine Gespräche mit «Claude» in drei Bänden unter dem Titel «Gespräche mit dem Unbekannten» veröffentlicht. Für diese Taschenbuchausgabe hat Dorothea Brückner den Text gestrafft und überarbeitet, ohne daß wesentliche Teile fortgefallen sind. Hiermit liegt Claudes Botschaft in konzentrierter Form vor.

Gernot Brückner

Das größte Abenteuer
der heutigen Menschheit

Die Neuen Energien und ihre Gesetzmäßigkeiten

Zusammenfassung und Neubearbeitung
der dreibändigen Ausgabe
«Gespräche mit dem Unbekannten»
von Dorothea Brückner

transformation

rororo transformation
Herausgegeben von Bernd Jost
und Jutta Schwarz
Umschlaggestaltung Peter Keller
Umschlagillustration Stefan Kiefer

Veröffentlicht im Rowohlt Taschenbuch Verlag GmbH,
Reinbek bei Hamburg, Januar 1991
Copyright © 1989 by Dorothea Brückner
Kurzform und Neubearbeitung
Die Originalausgabe erschien 1989 unter dem Titel
«Gespräche mit dem Unbekannten»
bei Informations- und Tonträger Verlag, Aschau.
Alle Rechte vorbehalten
Satz Trump Mediaeval PM, Linotronic 300
Gesamtherstellung Clausen & Bosse, Leck
Printed in Germany
880-ISBN 3 499 18848 1

Inhalt

Teil 1

Einführung   11

Die zwei Welten   13

Die Intuition   15

Die Energiezentren   17

Das Ego   19

Die Zyklen (1)   20

Der Zustand «Null»   25

Unser Mental (1)   30

Die äußeren Freiheiten (1)   34

Über das Vertrauen   39

Die neue Sensibilität (1)   42

Teil 2

Über die Seele und den Körper   53

Mit welcher Geschwindigkeit
entwickeln wir uns eigentlich?   63

Trägt z. B. eine besondere Ernährungs- und
Lebensweise dazu bei, eine höhere Sensibilität
des Körpers zu erreichen?   65

Kann eine Körperschwingung auch höher sein
als die Seelenschwingung?   67

Was sollte man tun, um sein Mental ruhigzustellen? 69

Wie arbeitet das Göttliche Bewußtsein? 72

Und wie können wir vermeiden,
daß sich unsere Chakras schließen, bzw.
was können wir tun, damit sie sich wieder öffnen? 76

Und was geschieht, wenn die Verbindung zustande kommt?
Wie macht sich das bemerkbar? 79

Berührt die geistige Evolution nur Menschen,
die sich dafür interessieren? 82

Warum wir heute inmitten einer so kritischen Phase
der Menschheitsentwicklung stehen? 84

Sie sprechen von verschiedenen Welten
im Zusammenhang mit den Chakras.
Wie ist das zu verstehen? 89

Und dann kommt die Frage, die wichtige Frage:
Was bin ich? Wer bin ich? 95

Teil 3

Kleine, weiterführende Zusammenfassung 101

Die beiden Energien 106

Gefahren des neuen Zustandes 109

Über das Helfen 112

Die äußeren Freiheiten (2) 117

Unser Mental (2) 120

Die Zyklen (2) 128

Die neue Sensibilität (2) 132

Schlußwort 137

Dem Menschen gewidmet,
der unsere Welt
«von der anderen Seite aus» sieht.

Teil 1

Einführung

Millionen suchen... Und warum suchen sie? Warum ist niemand zufrieden? Warum heute überall diese Unruhe?

Wir alle spüren doch, daß irgend etwas anders ist, als es früher war, daß neue Einflüsse auf uns wirken, daß neue Elemente da sind, daß sich etwas ändert, daß die Zukunft nicht automatisch so weiterlaufen wird wie bisher die Vergangenheit...

Und die Menschen wollen eine Erklärung dafür haben. Sie wollen wissen, was geschieht.

Und was denken Sie, was diese Menschen suchen? Spiritualität? Religiöse Erleuchtung? – Nein! Sie suchen nach einer Erklärung für diesen Unsinn um sich herum. Sie suchen nach einer Erklärung für die Welt, in die sie hineinversetzt wurden!

An was sollen diese Menschen glauben? In was sollen sie Vertrauen haben? Auf was sollen diese Leute hoffen? Brauchen wir nicht heutzutage dieses Vertrauen, brauchen wir nicht diese Hoffnung, um überhaupt am Leben bleiben zu wollen, am Leben bleiben zu können?

Und sollten wir dann nicht zu uns sagen: «Diese neuen Kräfte, was immer sie auch sind, diese neuen Vibrationen, die doch offensichtlich da sind und auf uns wirken, die sollte man kennen. Wenn ich schon einmal hier bin in einer solchen Zeit – gut –, dann besser, ich verstehe, um was es geht, und ich versuche, dabeizusein und mitzugehen. Vielleicht bin ich dann nicht mehr ganz so unglücklich?»

Das Ziel ist, daß jeder immer stärker auf sein Inneres hört, daß er immer mehr auf *seine* Intuition hört, auf *seine* innere Stimme – damit die Intuition immer stärker werden kann, damit sie immer häufiger bessere Antworten geben kann, damit eines Tages diese Intuition ganz da ist, immer gegenwärtig, immer da!

Warum draußen suchen? Warum nach draußen gehen? – Innen liegt die Antwort! *In unserem eigenen Innern liegt die Antwort!*

Und dort spüren Sie auch die Veränderung, die heute die Welt verwandelt. Von dort spüren Sie die Kraft kommen, die mehr und mehr vordringt. Außerhalb sehen Sie nichts. Natürlich nicht. Dort ist nichts zu finden.

Wir müssen die Gesetze der Intuition kennen, die Gesetze der Welt der Energien, die Gesetze, nach denen sich unsere Erde zu verändern beginnt... Wir müssen wissen, daß eine neue Energie da ist, daß sie aktiv ist, daß sie sehr konkret ist. Wir müssen wissen, wie sie arbeitet, wie sie auf uns wirkt, wie sie auf die Materie einwirkt, wie wir uns empfangsbereiter für sie machen können.

Wir müssen unsere Sinne öffnen – nach innen –, und es werden sich neue Dimensionen auftun!

Und dann müssen wir experimentieren. Es muß jeder seine Erfahrungen machen. Und wo können wir, *wo müssen wir die Erfahrungen machen? In der Materie,* dort, wo die banalsten täglichen Probleme sind. Den Problemen nicht entfliehen! – Nein, sie dort lösen, wo sie sind, im täglichen Leben! Nicht dort, wo wir das Religiöse suchen, das Esoterische und all das – nein, im täglichen Leben! Dort müssen wir die Erfahrungen machen, dort müssen wir experimentieren, erleben, leben! Dort können wir lernen, mit der Intuition zu arbeiten, dort können wir sie überprüfen. Und – was glauben Sie, was sich dann alles verändert!

Die zwei Welten

«Es gibt zwei Welten – die unsere, die wir zu sein glauben – und die andere.
Die reine Intuition ist das Bindeglied.»

Es gibt *unsere* Welt:

Es ist die Welt der Materie, der Zeit und des Raumes. Es ist die uns bekannte Welt, es ist die Welt, die wir über unsere Sinne wahrnehmen, es ist die Welt unseres Äußeren Ichs, unseres Egos, unseres Verstandes, es ist die Welt unseres Tagesbewußtseins, die Welt, in der wir uns zu Hause fühlen.

Und es gibt die *andere* Welt:

Diese *andere* Welt, von manchen bestritten, von den meisten erahnt, von vielen erlebt – sie existiert, sie lebt, sie ist bewußt – und sie wirkt in unsere Welt hinein.

Der Mensch steht in beiden Welten: sein Körper, sein Ego, sein Verstand, sein Mental, sein Tagesbewußtsein – in *unserer* Welt,

seine Seele, sein Inneres Selbst, sein Überbewußtsein – in der *anderen* Welt.

Die Grenze zwischen beiden Welten verläuft genau durch den Menschen. Er lebt in beiden Welten gleichzeitig. Nur wird ihm im Tagesbewußtsein lediglich eine Welt bewußt. Und solange ist er nur «ein halber Mensch».

Das Ziel der Entwicklung besteht darin, die Verbindung zwischen beiden Welten zu schaffen, aus dem «halben Menschen» einen «ganzen Menschen» zu machen.

Dieser Drang zu der «anderen Welt», dieses Sehnen nach der Verbindung mit unserer anderen Hälfte zieht sich durch die ganze Menschheits-Geschichte.

Nur bisher war es ein Versuch, von «unten» nach «oben» zu gehen durch Gebet, durch Meditation... und jeder konnte frei entscheiden, ob er dies tun wollte. Heute, d.h. seit wenigen Jahrzehnten, kommt ein neues Element hinzu: Es wird zusätzlich von «oben», oder besser von dieser «anderen Seite», etwas unternommen, um diese Verbindung herzustellen. Es ist *dies* die «Neue Kraft», die «Kraft der Transformation der Materie».

Diese «Neue Kraft» ist Ursache für die Unruhe und Unsicherheit überall, die jeder spürt. Sie greift ein in alle Bereiche unseres Daseins. Und ihre Anwesenheit allein zwingt uns zu entscheiden, ob wir uns ihr anpassen wollen oder nicht.

Diese «Neue Energie» wirkt nicht da ja und da nein – sie wirkt auf jeden von uns, bricht alte Empfindungs- und Denkmodelle, die nicht in Harmonie mit ihr sind. Und dort, wo wir nicht mit ihr schwingen können, wo wir am alten Zopf kleben, dort entstehen Disharmonie, Unruhe, Angst, Depression, dort entsteht der Stoff, aus dem Krieg und Krankheit gemacht sind.

Diese Kraft, diese «Neue Energie», nennen wir das Höhere Bewußtsein.

Die Verbindung zwischen beiden Welten herzustellen, heißt also, Kontakt mit seinem Inneren Selbst aufzunehmen. Und da das Innere Selbst ein Teil des Höheren Bewußtseins ist, bedeutet das auch, Kontakt zum Höheren Bewußtsein aufzunehmen.

Und diese Verbindung nennen wir Intuition.

Die Intuition

«*Sie beginnen dann erst, Ihr Leben zu leben, wenn Sie wirklich Ihren inneren Impulsen gehorchen.*»
Das Ziel ist also, die Intuition zu entwickeln. Es gibt nun Dinge, welche sie fördern, und solche, die sie hindern.

Sie wird gehindert

– durch unser Ego, d. h. unsere Wünsche, Affekte, Gefühle…
– durch einen besonders wichtigen Bestandteil unseres Egos: unser Mental, d. h. unsere Gedanken-Konstruktionen, unsere Vorurteile, Pläne…
– durch unsere Gewohnheiten, unsere Erziehung, unsere Umwelt.

Die Intuition wird gefördert

– durch alles, was uns von unserem Ego, unseren Mental-Konstruktionen und unseren Gewohnheiten befreit – und dies geschieht z. B., indem wir diese Konstruktionen und Gewohnheiten täglich immer wieder in Frage stellen und überprüfen, sie uns überhaupt erst einmal bewußt machen,
– Intuition kann man fördern durch Gelassenheit, d. h. eine Grundhaltung der Neutralität und des Abwarten-, des Sich-zuschauen-Könnens.

Das Höhere Bewußtsein will uns helfen. Wir selbst, unser Inneres Selbst will uns helfen – über die Intuition. Es geht aber nicht nur darum, über die Intuition Informationen zu empfangen – sondern auch, mit ihnen zu handeln, sie in die Tat umzusetzen. Und das geht wiederum nur, wenn wir möglichst wenig Widerstände zu ihrer Realisation überwinden müssen. Das heißt:

- einen gewissen äußeren Bewegungs-Spielraum zu haben,
- auch äußerlich einfach zu sein, einfach zu leben – oder in anderen Worten: soviel als möglich äußeren Ballast abzuwerfen, von dem man sonst abhängig ist,
- auch mentalen Ballast: komplizierte Gedanken-Konstruktionen, Vorurteile.
- Das heißt: offen zu sein, unvoreingenommen, nicht «nein» zu sagen zu etwas, das man noch nicht kennt.
- Das heißt: spontan und unvermittelt zu sein.

Die Energiezentren

«Und woher die Intuition kommt? Nun, sie kommt aus dem tiefsten unbewußten, oder besser, aus jenem Teil von uns, welches uns unbekannt, doch ‹alles kennt›, ‹alles weiß› und an den Ursprung aller Dinge reicht.

Die Intuition kommt aus dem schöpferischen Teil des Universums – aus dem Inneren des Menschen.»

Natürlich ist es interessant zu wissen, welchen Weg diese Mitteilungen nehmen, d. h. mit welchen unserer Organe wir sie empfangen.

Die Verbindung zwischen beiden Welten, zwischen der Universellen Energie und dem physischen Körper, findet in sogenannten Energiezentren im Körper statt. Es sind dies Punkte, in denen sich die Energie «kondensiert». Diese Zwischenglieder sind die Eingangstore für die kosmische Energie in den menschlichen, physischen, individuellen Körper. Die kosmische Energie «individualisiert» sich hier.

Über die Energiezentren steht der Mensch mit seinem Ursprung in Verbindung. Von hier aus wird diese Energie über das Nervensystem in die einzelnen Körperorgane, in die Körperzellen geleitet.

Diese Energiezentren – andere nennen sie auch Chakras – befinden sich an ganz bestimmten Stellen des menschlichen Körpers. Sie haben verschiedene Eigenschaften und korrespondieren mit spezifischen Körper- und Sinnes-Funktionen.

Wir wollen nun erst einmal die sieben Haupt-Energiezentren herauskristallisieren und sie zunächst von unten nach oben beschreiben:

Da ist zuerst das Steißbein: es korrespondiert mit dem Sexualleben, den zwischenmenschlichen Beziehungen, den sozialen Beziehungen.

Dann das Kreuzbein, der Bauch: dies betrifft die vitalen Bedürfnisse, alle Bedürfnisse des materiellen Körpers, die Vital-Energie, die Kraft, die Stabilität, den «Schwerpunkt» des Menschen und auch materiellen Besitz, das Gebundensein an die Materie im engeren Sinn.

Als nächstes der Nabel, der Solarplexus, die Gefühle: hier haben wir die Parallele zu unseren Affekten wie z. B. Eifersucht, Cholerik, Aggressionen, Depressionen...

Das vierte Energiezentrum ist das Herz: es steht für «Herzens»-Liebe, Herzlichkeit, «Christus-Bewußtsein», Großzügigkeit, Hilfsbereitschaft, «Charme», aber auch das Liebe-Haben-Wollen im Sinne des Besitzen-Wollens oder Herzlosigkeit.

Darüber der Kehlkopf: dies betrifft das Selbstbewußtsein, die persönliche Darstellung und Verwirklichung, aber auch die Ich-Bezogenheit, den Stolz.

Das sechste Zentrum ist die Stirn: sie korrespondiert mit dem Mental, dem Intellekt, dem Verstand, der Reflexion, dem Denken, aber auch mit den Gedanken-Konstruktionen, mit der Voreingenommenheit.

Zum Schluß der Schädel: es betrifft das Höhere Mental, philosophisches Denken, religiöse Gedankengebäude, aber auch Fanatismus.

Hier in diesen Energiezentren wird die Brücke geschlagen zwischen dem göttlichen und dem physischen Menschen. Der Mensch, der sich dieser Zentren bewußt wird, schafft damit Voraussetzung, eine andere Dimension wahrzunehmen.

Diese kosmische Energie ist etwas Lebendiges – sie ist bewußt! Und sie hat nur ein Ziel: die Evolution der Menschheit. Sie hat das Ziel, in den Körper einzudringen, die Materie zu lenken, sich mit ihr zu vereinen und den Menschen hinzuführen zu seinem göttlichen «Vor»-Bild.

Das Ego

«Eines Tages werden die Leute vor der Notwendigkeit stehen, wissen zu wollen, was sie von dem Höheren Bewußtsein trennt...»

Es ist das Ego.

Solange wir ein Ego haben, wird die Intuition gefärbt, beeinflußt von unseren bewußten oder unbewußten Wünschen. Und erst wenn wir die Wichtigkeit der äußeren Eindrücke, das Hängen an den Dingen, das Abhängigsein von ihnen überwunden haben, sind wir in der Lage, zwischen eigenen Vorstellungen und der Intuition unterscheiden zu können, sind wir in der Lage, Intuitionen ungefärbt in unser Tagesbewußtsein einfließen zu lassen.

Wir nehmen die äußere Welt um uns mittels unserer fünf Sinne wahr: dem Sehen, Hören, Riechen, Schmecken und Fühlen. Dabei läuft eine Kombination von chemischen, physischen und mentalen Vorgängen ab. Es sind dies Sinnesreize, die uns erlauben, in der äußeren Welt zu leben – die uns aber andererseits an diese Welt des Äußeren binden! Das ganze «System des Lebens» besteht in der Wahrnehmung der äußeren Welt über die Sinne, und solange kommt auch kaum eine direkte Verbindung mit der inneren Energie zustande.

Sobald der physische Körper Eindrücke von außen aufnimmt, werden Emotionen, Gefühle, Empfindungen ausgelöst, Mentalkonstruktionen gebildet, Konzepte und Systeme entwickelt. All das macht das Ego aus, all das bildet einen Panzer – den Panzer des Egos.

Und die Evolution besteht nun darin, diesen Panzer des Egos aufzuweichen, ihn durchlässig zu machen für diese Höhere Energie.

Die Zyklen (1)

«*Der Verstand denkt, daß man z. B. geschäftliche Ange-*
legenheiten organisieren kann, indem man Jahrespläne
macht, Pläne mit mechanischer Gleichmäßigkeit. Aber
hier irren Sie sich: Seit einigen zig Jahren ist das weniger
und immer weniger möglich. Und in einigen Jahren –
nicht erst in zehn Jahren – wird das überhaupt nicht mehr
möglich sein. Weil hinter unserer Welt eine andere Welt
da ist, die «atmet». Und wie bei jeder Atmung gibt es
auch hier Zeiten des Einatmens und des Ausatmens.
Und da diese andere Welt viel stärker (und um wieviel
stärker!) als unsere ist, nun, darum müssen wir uns an
diese andere Welt und ihre Zyklen anpassen.»

Das heißt, diese beiden Welten, die uns bekannte Welt
der Materie und diese andere Welt des Höheren Bewußtseins, berühren sich, durchdringen sich. Es ist ein
immer stärker werdendes Imprägnieren der Materie mit
geistiger Energie.

Dieses Durchdringen beider Welten geschieht nun
nicht stetig zunehmend, sondern rhythmisch. Das geistige «Energiefeld» atmet, pulsiert. Einmal ist es stärker
vorhanden, dann wieder weniger oder gar nicht. Diese
Atemrhythmen nennen wir hier Zyklen.

Alle Entwicklung findet in Zyklen statt. Entwicklungen verlaufen nicht gradlinig. Perioden der Vorbereitung
und Ruhe wechseln mit solchen der Aktivität ab.

Man kann diese Zyklen überall beobachten, sei es die
Entstehung eines Lebewesens, die Entwicklung eines
Produktes, eines Kunstwerkes, eines Vorhabens jedweder
Art: Immer kann man unterscheiden zwischen Phasen
der Vorbereitung, d. h. Phasen, während denen äußerlich
nichts zu sehen ist – und Phasen der Durchführung, der
Aktivität, der sichtbaren Realisierung.

Für die persönliche Entfaltung und Entwicklung bedeutet der «Zyklus unten» nicht nur Vorbereitung, sondern ganz allgemein eine Phase des Nach-innen-Gekehrtseins, des Hörens, Lesens, Lernens, Verarbeitens. Es ist dies die Zeit des sich Abschließens gegen Außeneinflüsse, des vorsichtigen Taktierens, der Zurückhaltung. Es ist die Phase der Restriktion.

«Zyklus oben» dagegen ist die Phase der Realisierung des Gelernten, des Aus-sich-Heraustretens. Man kann nichts mehr aufnehmen, nichts mehr lernen. Man möchte und *muß* aktiv werden. Die angesammelte Kraft, das gespeicherte Wissen *müssen* herauskommen, *müssen* in die Tat umgesetzt werden. Es ist die Phase der Aktion, der Expansion.

Beim «Zyklus unten» hat man Angst, man ist unsicher. Man vertraut nicht auf sich und seine Leistungen. Man riskiert falsche Entschlüsse, wenn man nicht vorsichtig ist. Im Privaten neigt man zu Sparsamkeit.

Beim «Zyklus oben» dagegen fühlt man sich sicher, manchmal zu sicher. Man neigt zu eher großzügigen Ausgaben. Deswegen muß man hier besonders aufpassen und bei den Entscheidungen Sicherheiten einrechnen. Denn es gilt, sich auf den nächsten «Zyklus unten» einzurichten!

Wenn kosmische Energie auf die Materie einwirkt, wird beim «Zyklus unten» eine Aktion in der für uns nicht erfaßbaren «unsichtbaren Welt» vorbereitet. Beim «Zyklus oben» wird das Vorbereitete in die Tat, in die Materie umgesetzt. Will man sich «zeitgemäß» verhalten, dann sollten die Zyklen erspürt werden.

Wenn wir hier von neuen Kräften, von geistigen Energiefeldern sprechen, die heute auf die Erde einwirken und die Menschen und auch die Materie verändern, dann geht es nicht um «glauben» oder «nicht glauben», sondern – es geht um das Kennenlernen der Ursachen für Vorgänge, die wir ja heute alle täglich in unserer Umgebung – und in uns selbst – feststellen.

Es geht hier im Moment weniger um philosophische Theorien, sondern eher um ganz praxisbezogene Gesetze. Es geht fast um eine neue Physik, eine neue Chemie.

Es ist kein verschwommenes «Irgendwie», sondern es geht um Präzision, fast Mathematik. Es geht um ein neues Verständnis – und vor allem geht es um ein Umsetzen dieses Erkannten in die Praxis, ins tägliche Leben.

Wir sind in diese Zeit hineingeboren, in die heutige Zeit mit ihren Problemen – und mit ihren Kräftespielen. Natürlich kann man versuchen, sich dagegenzustemmen – aber das bringt *Leid*! Je mehr wir hinter dem «Zeitgeist» zurückbleiben, je weniger es uns gelingt, uns der Beschleunigung der gegenwärtigen Entwicklung anzupassen, um so mehr müssen wir leiden!

Durch mangelnde Anpassungsfähigkeit an sich schnell verändernde Umstände bauen wir uns selbst Blockaden auf – und hier spreche ich von Blockaden, von unserem Nervensystem ausgelösten physiochemischen Blockaden –, die uns in die Depression führen, in die Krankheit, ins Leid.

Ja, wir können sogar noch weitergehen und sagen, daß Leid eigentlich ein Maßstab ist für das Hinter-den-Gesetzen-Zurückbleiben. Denn ein optimales Mitschwingen mit den neuen Energien bedeutet Reibungsverluste vermeiden, Leid vermeiden.

Das Problem ist nur, daß wir das, was zur Zeit passiert, nicht mit unserem Verstand erfassen und einordnen können. Wir haben eine ähnliche Erfahrung noch nie gemacht, und wir können uns das alles nicht richtig vorstellen. Wir stoßen hier einfach an die Grenze des Verstehen-Könnens im üblichen Sinne. Was in der heutigen Zeit auf uns zukommt, ist eher eine Frage des meditativen Erfassens, des meditativen Verstehens.

Das Charakteristische dieser neuen Kräfte ist, *kein System, keine Methode* zu haben. Denn jedes System ist ja wieder verstandesmäßig, mental begründet, wurzelt in der Vergangenheit und ist damit genau das Gegenteil von dem, was wir Intuition nennen.

Vor allem aber ist jedes System wieder eine Einengung für die individuelle Entwicklung. Deswegen sprechen wir auch nie von Sekten oder Religionen oder von irgend etwas anderem in dieser Richtung. Es ist das Individuum, welches zählt, mit seinem eigenen Persönlichkeitspotential. Man verlangt von Ihnen nicht, «an etwas» zu glauben. Man erwartet nur, daß Sie eindeutig Sie selbst sind. Und wenn man von Ihnen erwartet, an etwas zu glauben, dann an sich selbst! Oder besser – Sie sollten Vertrauen auf Ihre Intuition haben und darauf, daß es Ihnen gelingt, Ihre Intuition immer mehr zu entwickeln, damit sie immer ergiebiger wird.

Diese Zyklen nun kann man fühlen, wenn sie kommen. Und zwar nicht draußen – sondern die Zyklen sind in Ihnen selbst – aufpassen! – in Ihnen selbst!

Wir können uns nur auf das Gespür unserer eigenen Intuition verlassen, auf unsere Neutralität, auf unsere Wachsamkeit... Diese neutrale Wachsamkeit ist es, die Sie *immer* haben sollten.

Wenn wir «Zyklus oben» haben, dann dringt die Energie in die Materie ein, sie durchdringt die Realität unseres Lebens – für den Moment der Aktion. «Zyklus oben» bedeutet, daß die Energiezentren offen sind.

Beim «Zyklus unten» schließen sich die Zentren. Die Energie strömt nicht mehr in den Menschen. Und je stärker das Ego eines Menschen ist, um so stärker leidet er unter den Auswirkungen, wenn diese Energie nicht mehr in ihm ist.

Aber dabei muß man aufpassen, denn selbst, wenn man im Ego ganz unten ist, wird man in den Sog der Zyklen gerissen. Deswegen Vorsorge treffen!

Auch sollte man ein neues Projekt in einem aufstrebenden Zyklus beginnen, denn wenn Sie es in einem absteigenden tun, wo das Höhere Bewußtsein gerade nicht «atmet» bzw. «ausatmet», nun, dann wird Ihr Projekt sterben, noch bevor es geboren ist, denn es konnte nicht einmal seinen ersten Atemzug tun!

Es ist mit viel Zeit- und Energieaufwand verbunden, gegen die Zyklen zu arbeiten. Oft wird man feststellen, daß etwas, das heute nicht von der Stelle zu bewegen ist, einige Tage, Wochen oder Monate später plötzlich wie von allein geht.

Andererseits sollte man darauf achten, daß der richtige Moment für eine Aktion nicht verpaßt wird! Sobald eine Sache reif ist, sollte sie angefangen werden. Der richtige Augenblick und die zur Verfügung gestellte Energie gehen sonst schnell und ungenutzt vorbei. Der Zyklus geht weiter...

Und wir tragen nun einmal die Verantwortung, nicht nur für das, was wir tun, sondern auch für das, was wir unterlassen haben.

Da wir die langfristigen Pläne dieser Energie nicht kennen, da diese langfristigen Pläne in kurzen Schritten realisiert werden, werden wir immer wieder kurzfristig mit neuen Situationen konfrontiert. Und darauf sollte man vorbereitet sein. Für solche Gelegenheiten sollte man Zeit- und Energiereserven haben.

Unser Bestreben sollte es sein, das Äußere zu stabilisieren, die äußeren Umstände harmonisch zu gestalten, dann können die persönlichen Zyklen besser gefühlt werden.

Wir sollten versuchen, uns etwas außerhalb der Zyklen zu stellen und sozusagen mit Abstand die Bewegung dieser Zyklen zu beobachten, dabei eine neutrale, intuitive, abwartende, aber hellwache Haltung bewahren.

Der Zustand «Null»

«*Wir haben zwei Welten, die sich durchdringen: die alte, die in den alten Gewohnheiten festgefahren ist – und die junge, die noch stammelt, aber überall schiebt und drückt. In unseren menschlichen Augen scheint die alte die stärkere zu sein, gut verankert seit Hunderten von Jahren. Aber Achtung, die alte Welt ist morsch! Sie hat eine brüchige Kruste. Und die junge Welt, die rechts und links hervorsprießt, noch halb erstickt durch die Mechanik des Mentals – Achtung! –, sie hat hinter sich alle Kraft des Universums.*»

Unsere Schwierigkeit besteht darin, selbst feststellen zu können, wann unsere bewußten oder unbewußten Wünsche Motor unserer Handlungen sind oder aber wann ein intuitiver Impuls realisiert werden möchte.

Tragen wir einmal die Stärke des Egos eines Menschen über den Energiezentren graphisch auf. Wir erhalten ein Profil wie auf der Abbildung A.

Dieses Schema kann man als Mittel zum besseren Verständnis heranziehen. Man kann sich dann leichter darüber klarwerden, was wir unter Ego verstehen. Dieses Profil ist ein Versuch, die Persönlichkeit eines Menschen zu beschreiben.

Wir bezeichnen dabei das durchschnittliche Ego mit 10 und den vollständigen Abbau der Abhängigkeit von den «Äußerlichkeiten» des Lebens mit 0. Ein Mensch mit dem Ego 0 ist neutral. Er hängt nicht mehr an den Dingen, er wird von ihnen nicht mehr abgelenkt.

Und was ist es, was das Ego abbauen läßt? Die Umstände in unserem Leben sind es. Dadurch, daß etwas passiert, was uns nicht angenehm ist, oder anders ausgedrückt: dadurch, daß etwas passiert, das unser Bewußtsein erwei-

Abbildung A: Das Ego

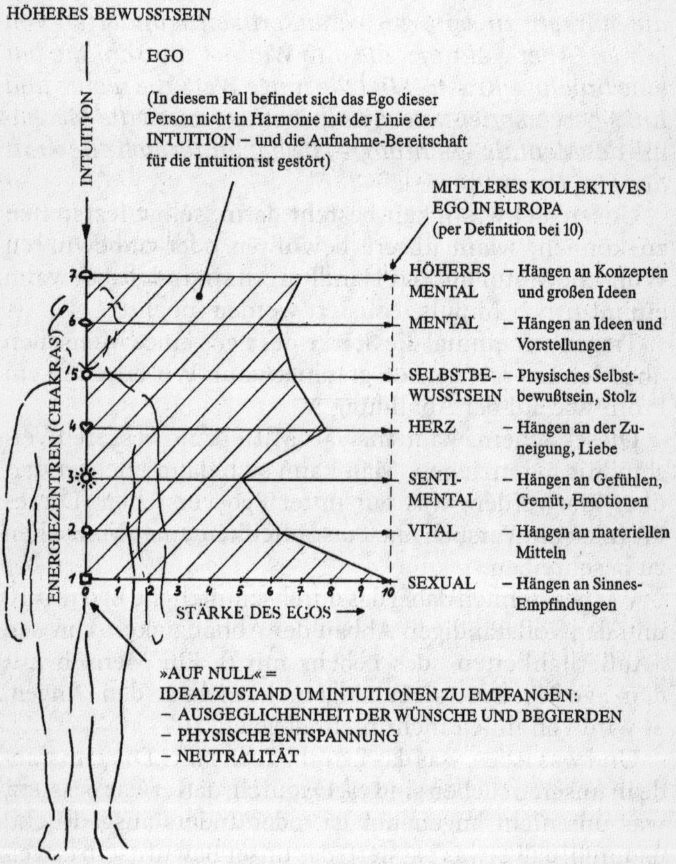

HÖHERES BEWUSSTSEIN

EGO

(In diesem Fall befindet sich das Ego dieser
Person nicht in Harmonie mit der Linie der
INTUITION – und die Aufnahme-Bereitschaft
für die Intuition ist gestört)

MITTLERES KOLLEKTIVES
EGO IN EUROPA
(per Definition bei 10)

7	HÖHERES MENTAL	– Hängen an Konzepten und großen Ideen
6	MENTAL	– Hängen an Ideen und Vorstellungen
5	SELBSTBE-WUSSTSEIN	– Physisches Selbstbewußtsein, Stolz
4	HERZ	– Hängen an der Zuneigung, Liebe
3	SENTI-MENTAL	– Hängen an Gefühlen, Gemüt, Emotionen
2	VITAL	– Hängen an materiellen Mitteln
1	SEXUAL	– Hängen an Sinnes-Empfindungen

INTUITION

ENERGIEZENTREN (CHAKRAS)

0 1 2 3 4 5 6 7 8 9 10
STÄRKE DES EGOS →

»AUF NULL« =
IDEALZUSTAND UM INTUITIONEN ZU EMPFANGEN:
– AUSGEGLICHENHEIT DER WÜNSCHE UND BEGIERDEN
– PHYSISCHE ENTSPANNUNG
– NEUTRALITÄT

tert. Träume, Vorstellungen, Wünsche, Ideale sind die Elemente, aus denen Ego besteht. Und auf dem Weg der Selbsterkenntnis und Selbstverwirklichung wird uns dieses Ego bewußt.

Nehmen wir ein einfaches, alltägliches Beispiel: Ein junger Mann verliert seine Freundin. Sie läßt ihn im Stich. Wenn es ihm ernst war, gewöhnlicherweise leidet er. Und nehmen wir an, daß sich seine Bindung an das Mädchen auf der Ebene des ersten, dritten und vierten Zentrums bewegte – dann schließen sich diese drei Zentren. Und die Folge ist: Er ist auf diesen Ebenen von der Energie abgeschnitten. Es arbeitet in ihm, und er macht eine wenig angenehme Zeit durch.

Eines Tages hat er diesen Schicksalsschlag innerlich überwunden. Seine Energiezentren öffnen sich wieder, die Energie strömt wieder ein – und er ist ein anderer Mensch. Er ist gelassener geworden, er hat etwas gelassen, nämlich einen Teil seines Egos. Irgend etwas in ihm hat gelernt, weniger stark an etwas zu hängen. Sein Ego ist gefallen.

Die sieben Zentren korrespondieren untereinander. Nehmen wir einmal Wünsche im untersten Zentrum an. Sie lösen Vorgänge in unserem Mental aus, um die äußeren Umstände so zu organisieren, damit diese Wünsche erfüllt werden können. Man wird vielleicht ein Verlangen nach Besitz beispielsweise eines Hauses und anderer Voraussetzungen haben. Und so geht es weiter: Ihre Wünsche vermengen sich mit dem Zentrum des Herzens, der Liebe, mit Mentalkombinationen, mit Konzepten und Vorstellungen des höheren Mentals, wie z. B. Religion, Ethik usw.

All das ist miteinander verflochten und veranlaßt dann das Individuum, je nach der persönlichen Veranlagung, d. h. der Stärke der einzelnen Einflüsse des Egos, zu Handlungen in der einen oder anderen Richtung, zu Handlungen, die – so kann man letztendlich sagen – von den Kräften des Egos ausgelöst werden.

27

Erst wenn die Einflüsse von außen, all diese Gefühle und Impulse, einen anderen Bezugspunkt als den des Egos haben, nämlich den des Höheren Bewußtseins, erst dann werden die Handlungen anders gesteuert und die Aktionen in eine andere Richtung gehen.

Solange der Mensch Marionette seines Egos ist, solange fehlen ihm der Überblick und der Bezugspunkt.

Aber wenn Sie sich, wie in dem Schema erklärt, auf die Null hinbewegen, dann fällt es Ihnen leicht, neutral zu bleiben. Wenn wir gelassen sind – nicht uninteressiert oder passiv –, sondern wenn wir über unseren eigenen Gefühlen stehen, wenn wir uns sozusagen selbst beobachten können, dann brauchen wir nicht zu leiden!

Denn nichts ist gut oder böse. Nur wir, unser Mental, d. h. unser Ego, erklärt etwas für gut oder böse und mißt daran alles, was passiert. Was gut oder schlecht für uns ist, können wir in den meisten Fällen gar nicht beurteilen. Wir haben den Überblick nicht. Deswegen Abstand halten, neutral sein, gelassen sein!

Wir müssen vor allem versuchen, harmonisch zu sein. Wenn wir harmonisch, d. h. ausgeglichen sind, läuft alles viel einfacher. Wir müssen offen sein, empfangsbereit für diese innere Kraft, die mit uns sprechen will. Wir müssen bereit sein, damit diese Kraft mit uns arbeiten kann.

Sehen wir das einmal so: Wenn wir hier ein Problem haben, sehen wir eine beschränkte Anzahl von Lösungsmöglichkeiten. Das Höhere Bewußtsein hat aber Zugang zu mehr Lösungsmöglichkeiten. Es sieht mehr und rechnet mit mehr Einflüssen – und kann uns deswegen bessere Hinweise geben.

Wenn wir verkrampft sind, wenn unser Ego, unser Mental, alles besser weiß, dann sind wir blockiert für diese höheren Energien. Sie wollen uns Hinweise geben, doch sie werden uns nie «befehlen». Wir sind immer frei, anzunehmen oder nicht. Und wir werden bemerken, *daß dieser Hinweis immer die einfachste Lösung für ein Problem ist.*

Und genauso führt uns auch dieses Bewußtsein auf den Weg zur eigenen Entwicklung.

Die Intuition kann über alle sieben Zentren zu uns kommen. Und wenn jemand in einem der Zentren in «Null» oder nahe daran ist, dann hat dort das Höhere Bewußtsein direkten Zugang. Und ist die Verbindung in einem der Zentren erst einmal hergestellt, dann folgen die anderen schneller – so lange, bis unser Ego abgebaut ist.

Und dann sehen wir die Welt anders: Diese Energie in uns kann dann immer wirkungsvoller tätig sein. Wir selbst bemerken, daß uns die Intuition richtig führt, wir werden vertrauensvoller, sicherer, und unser Leben wird einfacher, viel klarer, viel wirkungsvoller, viel glücklicher.

Es hängt auch von der *Epoche* ab, in der ein Mensch lebt. Früher, was ist da schon viel passiert, in einem normalen Leben? Über viele Jahre und Jahrzehnte gab es kaum neue Entwicklungen. Die Menschen mußten sich bei weitem nicht so schnell anpassen, wie dies heute der Fall ist. Alles ging viel langsamer. Dabei ging natürlich auch die Entwicklung des Einzelmenschen langsamer.

Aber heute, da überschlägt sich alles. Ständig kommt etwas Neues. Der Mensch wird täglich in andere Situationen gestürzt. Es dreht sich alles sehr, sehr schnell. Und warum?

Auch hier suchen wir nach äußeren Erklärungen. Die Gründe liegen aber «dahinter». Die Erde ist heute diesen Energien ausgesetzt. Und die Menschen müssen heute sehr flexibel sein, viel häufiger Dinge wieder und wieder in Frage stellen, Platz schaffen für neue Ideen, neue Vorstellungen. Wertbegriffe haben heute eine viel kürzere Lebensdauer. Und deswegen müssen wir uns anpassen können. Diese neue Energie wird die Materie, die Erde, den Menschen transformieren.

Unser Mental (1)

«*Unser Mental funktioniert, indem es konstruiert und analysiert. Es löst Probleme mit Hilfe von Elementen, die von außen kommen. Diese Elemente sind beeinflußt vom Wissen des jeweiligen Menschen, von seiner sozialen Vergangenheit und auch durch seine eigenen Gefühle, Wünsche und Vorstellungen.*

So grandios diese Funktion aus unserer Sicht auch ist, so stellt sie doch nur einen unendlich kleinen Teil des großen Wissens dar und ist damit zwangsläufig beschränkt. Vor allem aber geht sie an der Hauptidee des Höheren Bewußtseins vorbei. Denn diese besteht darin, jeden Augenblick schöpferisch zu sein. Ihr großes Ziel ist, das äußere Ich mit dem überall gegenwärtigen Es zu vereinen.»

Unser Mental nimmt eine Sonderstellung ein. Unter Mental verstehen wir hier Funktionen unseres Gehirns. Sprechen wir zunächst über die Auswertung von Sinnesimpulsen. Es bewertet nach Maßstäben, die individuell verschieden sind, je nach Kulturkreis, in dem wir aufgewachsen sind, unserer Erziehung, unseren Erlebnissen, usw. Alle diese Einflüsse haben unser Mental «programmiert», um möglichst optimal unseren Körper durch das Leben zu steuern.

In einer Welt, die relativ konstant bleibt, erfüllt eine solche Programmierung sehr gut ihren Zweck. Denn das Mental kann aus der Erfahrung der Vergangenheit Rückschlüsse für die Zukunft ziehen: Es extrapoliert. Unser logisches Denken ist letztendlich eine Extrapolation, eine Fortführung der Vergangenheit – und funktioniert, solange sich in der Außenwelt nichts wesentlich verändert.

Die Probleme beginnen aber, wenn eben Änderungen

eintreten, die neu für unser Mental sind, mit denen es nicht gerechnet hat, auf die es noch nicht programmiert ist. Kleine Änderungen, vor allem in jüngeren Jahren, werden anstandslos adaptiert.

Anders aber, wenn pausenlos neue Eindrücke über uns hereinbrechen, wenn zu viele neue Informationen auf das Mental einströmen, mehr, als es verarbeiten kann, dann greift es zur Selbsthilfe: Je nach Veranlagung weicht es aus. Entweder wehrt es sich, die neuen Eindrücke zu verarbeiten – das kann z. B. im Alter passieren, der Mensch bleibt stehen. Oder der Mensch flieht – in die Vergangenheit, in seine Traumwelt. Er bemüht sich also nicht mehr, Informationen auszuwerten, er läßt sie an sich vorbeiziehen. Andere Ausweichmöglichkeiten sind die Flucht in eine irreale Religiosität, in den Alkohol, in den Drogenrausch. Auch die psychischen Krankheiten, auch die Depressionen sind Anzeichen dafür.

Wir sprachen von neuen geistigen Kräften. Was sie auch immer sind, auf alle Fälle bewirken sie Veränderungen, und zwar tiefgreifende und schnell voranschreitende Veränderungen. D. h., unser Mental wird einer zunehmenden Belastung ausgesetzt. Hinzu kommt, daß es nicht nur Veränderungen sind, die schneller und immer schneller erfolgen, sondern daß die Zusammenhänge nicht mehr überschaut werden können. Und dies ist besonders schwer zu akzeptieren, denn unser ganzes Leben bestand ja bisher darin, mit unserem Verstand alles um uns herum «in den Griff» zu bekommen und alles zu verstehen. Und jetzt plötzlich sollen wir bewußt auf dieses Hilfsmittel verzichten. Wir sollen zustimmen, daß etwas da ist, was stärker ist als unser Mental!

Dies ist wohl die größte Herausforderung, der wir überhaupt auf dieser Stufe der Entwicklung begegnen. Unser Verstand tappt plötzlich ins Leere. Wir verlieren den Halt – und wir bekommen Angst. Unser Mental klammert sich verzweifelt an die alten Regeln und Vorurteile, weil dort die Welt noch «in Ordnung» war. Dort

31

konnte es noch alles katalogisieren und einordnen. Und jetzt kommt etwas Neues hinzu, was es nicht mehr begreifen kann. Und das bedeutet Angst – Angst, akzeptieren zu müssen, daß unser Mental nicht alles beherrscht.

Das bedeutet eine Art Selbstzerstörung des Mentals, und dagegen wehrt es sich.

Aber was tun dagegen?

Zuerst einmal: Nicht immer gleich «nein» sagen oder, was dasselbe ist, «ja, aber…». Warum denn immer gleich das «Aber»? Es ist der Rettungsanker des Mentals.

Und dabei ist doch alles letztendlich ganz einfach: Wir müssen einfach lernen zu akzeptieren. Aber dazu müssen wir einen Teil unserer Selbst-Gerechtigkeit, unserer Selbst-Gefälligkeit, unserer scheinbaren Selbst-Sicherheit aufgeben.

Vor allem wenn es darum geht, diese Erkenntnisse in die Praxis umzusetzen. Denn weniger Selbstgerechtigkeit bedeutet mehr Toleranz, bedeutet, anderes hereinzulassen, für anderes offen zu sein. Das bedeutet, zu lauschen und nicht immer gleich zu reden. Das bedeutet, erst einmal «ja, vielleicht» zu sagen.

Und das bedeutet vor allem viel, viel Selbstbeobachtung, Abstand zu sich selbst, es bedeutet zuerst einmal: *verlernen*.

Aber – und das ist so wichtig: nicht draußen anfangen, sondern bei sich im Innern! Dort in Frage stellen, dort kritisch sein!

Und dann Stück für Stück mit den eigenen alten Gewohnheiten aufräumen: Alles ein bißchen anders machen. Die täglichen Gewohnheiten etwas ändern. Die Vergangenheit vergessen! *Täglich ein neues Leben beginnen!*

Der Geist unserer Zeit läßt überall Tabus fallen, macht überall Wege frei zu neuen Möglichkeiten des Lebens, zu neuen Möglichkeiten des Zusammenlebens, des Arbeitens, des schöpferischen Gestaltens, der Selbstverwirklichung.

Es hat keinen Zweck, immer wieder zu versuchen, das Alte zu kitten. Es bricht doch auseinander – weil die Entwicklung in eine andere Richtung geht.

Sie will:

– mehr intuitiv als mit dem Verstand erfassen,
– mehr Einfachheit,
– mehr Spontaneität,
– mehr Flexibilität,
– mehr Demut,
– mehr Bescheidenheit,
– mehr Gelassenheit,
– mehr Loslassen,
– mehr mit den Zyklen leben,
– und immer mehr Intuition, immer mehr Intuition...

Und wir werden auch immer wieder feststellen, daß wir beim Gehen in diese neue Richtung auf Widersprüche stoßen, daß eine Aussage im Widerspruch zu einer anderen zu sein scheint.

Und dann ist unser Mental glücklich: endlich etwas, woran es sich wieder festhalten kann! Hier kann es endlich wieder diskutieren.

Aber so geht es nicht. Das bringt uns dann nicht weiter. Es geht nicht um das Diskutieren, um das Aus-Diskutieren, um das Recht-Haben. Es geht überhaupt nicht um das Reden. Gerade hier kann man alles «tot»-reden. Das Diskutieren über diese Dinge ist eine Selbstbefriedigung unseres Verstandes, es ist ein Narkotisieren der zarten inneren Stimme. Es ist Zeitverschwendung.

Es geht ja nicht darum, daß unser Verstand scheinbare Widersprüche oder Ungereimtheiten oder anderes, was er im Moment nicht durchschaut, erklärt und analysiert. Es geht um die Entdeckung einer neuen Welt. Und dabei scheint uns eben anfangs manches paradox zu sein.

Die äußeren Freiheiten (1)

«Es kann keinen Fortschritt auf dem Weg zu innerlicher Befreiung geben, solange die Freiheiten in der Außenwelt zu beschränkt und die äußeren gesellschaftlichen und materiellen Beschränkungen nicht weitgehend abgebaut sind.»

Die Intuitionen sind nur dann nützlich, wenn wir die äußeren Möglichkeiten haben, sie zu realisieren, wenn wir die materiellen Bedingungen so gestalten, daß wir uns den Bewegungen dieser Kraft anpassen können, damit dieser Prozeß der Transformation in uns stattfinden kann.

Nehmen wir an, ein Mensch hat sein Ego praktisch verloren. Er hängt also nicht mehr an seinem Besitz, z. B. an seinem Haus. Sein Haus ist ihm ein Ballast geworden.

Ist mit «äußeren Freiheiten» gemeint, daß er sich von diesem Ballast trennen soll, damit er freier wird?

Aber nein, auf keinen Fall!! Das sind ja immer die falschen Vorstellungen. Es geht nicht darum, daß wir uns von unserem Besitz trennen. Sondern es geht darum, daß wir nicht mehr daran hängen und daß wir unsere materiellen Mittel richtig einsetzen. Es geht nicht darum, daß wir uns mit unserer Seele allein weiterentwickeln und den Körper und die Materie vergessen. Denken Sie immer daran, daß diese neue Kraft auf die Erde kommt, um eben diese Materie zu verwandeln, und zwar dort zu verwandeln, wo sie ist! Wir sollen uns von der Müdigkeit befreien, uns mit den materiellen Dingen zu beschäftigen. Diese Müdigkeit auf dem Weg des Egoabbaus ist die große Gefahr, millimeterscharf an dem Prozeß der Transformation vorbeizusausen.

Natürlich dabei vorsichtig sein und aufpassen! Und vor

allen Dingen dabei richtigen Gebrauch von den Mitteln machen!

Und noch eines ist wichtig: Ihre Mittel sollten Sie einsetzen für Ihre eigenen Wünsche – und zwar für diejenigen, die von innen kommen. Und Sie sollten sie nicht einsetzen für die Erfüllung von Wünschen anderer! Denn Sie sollen ja *Ihr* Leben leben! Sie sollen *Ihrer Intuition folgen*!

Sein Leben leben in dieser Welt – und dann in das spirituelle Leben eindringen! Aber erst *hier* leben! Sonst leben Sie nicht ganz.

Wenn Sie sich selbst verwirklichen wollen, müssen Sie bzw. muß Ihr Körper Ihrer Seele, Ihrem Inneren die Möglichkeit geben, die Dinge, die sie möchte, aktiv hier in der Materie angehen zu können. Das ist es, was wir «sein Leben leben» nennen. Und je mehr Ego wir abgebaut haben, um so leichter dringt sie in den Körper ein.

Wir sprachen eben von Freiheiten, von den äußeren Freiheiten. Nehmen wir noch einmal ein Beispiel, ein banales Beispiel aus dem täglichen Leben, das uns in der Freiheit beschränkt: den Kredit! Ein Kreditverhältnis bedeutet eine gegenseitige Abhängigkeit, ja mehr noch: eine Beeinflussung. Wie stark diese Beeinflussung werden kann, das wissen wir alle. Beispiele gibt es genügend. Der Kredit ist der Tod unserer Zivilisation! Warum? Weil eben durch einen Kredit Abhängigkeitsverhältnisse geschaffen werden, mit denen die Freiheit des Individuums zu stark beschränkt wird. Nun, mir ist bewußt, daß dies nicht jeder gern hört. Denn das ganze System unserer Wirtschaft ist darauf aufgebaut.

Die Zukunft auch in der Wirtschaft wird aber anders funktionieren. Natürlich nicht von heute auf morgen. Aber es ist der Trend. Und schon heute sollte man auf diese neuen Gesetze von morgen achten.

Wenn wir mit unserem eigenen Geld handeln, dann haben wir die Freiheit, intuitiv, spontan zu reagieren und eventuell einen neuen Kurs einzuschlagen. Wir können ein Projekt kurzfristig ruhen lassen oder abändern oder ganz aufgeben. Können wir das noch, wenn wir uns langfristig festgelegt haben?

Die neuen Gesetze sind eben so, daß sie auch individuell wirken. Wir haben von den Zyklen gehört – die teils große generelle Zyklen sind, die alle betreffen, die aber andererseits auch wieder nur das Individuum beeinflussen. Wir können diesen Zyklen und unserer eigenen Intuition nur nachspüren, ihnen nachgehen und danach handeln, wenn wir frei sind, wenn wir uns die äußeren Freiheiten realisiert haben. Nur dann können wir unser eigenes Leben leben, nur dann können wir in aller Spontaneität wir selbst sein.

Es kommt immer wieder darauf an, die äußeren Beschränkungen auf ein Mindestmaß zu reduzieren, sich freizumachen von allen diesen drückenden Lasten, die sich aus der Vergangenheit angesammelt haben.

...Und eines Tages wird dann Ihr Inneres, Ihr eigenes Wollen bestimmen, und Sie werden dann sagen können: *Ich* bin es, der das tut. *Ich* habe mich entschieden. In allen wichtigen Fragen sollten immer *Sie selbst* die Entscheidung fällen, denn wenn Sie das tun, was andere wollen – bewußt oder unbewußt –, dann sind Sie nicht Sie selbst. Dann werden Sie zum Instrument von irgend jemand anderem.

Und das ist nicht interessant. Das, was allein zählt, ist, *daß Sie das Instrument Ihres eigenen Inneren werden*. Das ist das Ziel.

Ein Begriff, der eng zusammenhängt mit dem Begriff der äußeren Freiheit, ist die *Einfachheit*. Wenn wir äußerlich einfach leben, dann gibt uns das auch mehr Freiheit. Oder, um es umgekehrt auszudrücken: Wenn wir unser äußeres Leben kompliziert gestalten, dann sind wir weniger frei.

Mehr Einfachheit heißt, auch einen höheren Wirkungsgrad zu haben, d. h. mit weniger Aufwand mehr Ergebnisse bringen.

Die Gesetze des Höheren Bewußtseins kennen keine Verschwendung. Es wird immer nur so viel gegeben, wie notwendig ist. Nicht mehr. Deswegen achten Sie auf den richtigen Einsatz Ihrer Mittel. Überlegen Sie, ob all das notwendig ist, was Sie im ersten Anlauf für richtig halten. Meist geht es einfacher. Und wie wirkt sich das in der Praxis aus? Indem eben alles einfacher wird: weniger Worte, weniger Aufwand, weniger Komplikationen, mehr Präzision, exakteres Handeln. Aber auch: Auf alle Systeme verzichten, die Methoden vermeiden, sowenig wie möglich sich selbst festlegen und soviel als möglich Offenheit, Weichheit, Spontaneität!

Man spricht von Meditationstechniken, von Techniken der Körperübungen usw. Dazu kann man nur immer wieder sagen: Alle «Techniken» von außen sind falsch. Alles muß von drinnen kommen. Es muß doch sonst alles hinterher wieder kaputtgemacht werden, was sich mental und mechanisch eingefahren hat. Techniken, die bislang ihre Berechtigung hatten – durch das Vorhandensein der neuen Energie können diese zu Hindernissen werden.

Das Leben vereinfachen. Was heißt das weiter?

Die Einstellung muß man ändern können, ändern unter der Idee: «Hier spare ich Zeit, hier bin ich wirkungsvoll! Das hier braucht nicht viel Zeit, also tue ich es. Das hier ist zu kompliziert, also lasse ich es bleiben.» – Vereinfachen! Und je mehr man vereinfacht, um so mehr kann dieses Bewußtsein handeln, um so weniger Energie wird vergeudet.

Immer in den kleinsten Details die einfachste Lösung suchen! Wenn man sich weiterentwickeln, wenn man mitgehen will, muß man vereinfachen, vereinfachen und nochmals vereinfachen… bis nichts mehr da ist. Alle Technik fallenlassen!

All das sind Gesetze von dort oben. Natürlich, wenn wir hier unten sind, in der Materie, ist es schwierig, sich dem anzupassen. Denn wir verstehen die Gesetze nicht.

Und sie sind so schwer durchzuführen. Trotzdem haben wir damit einen festen Bezugspunkt. Und wir brauchen unsere Zeit nicht zu vergeuden.

Diese Gesetze von da oben sind zu einfach, um vom Mental angenommen zu werden. Unser Verstand kann es nicht verstehen. Trotzdem, versuchen Sie, danach zu handeln! Wenn Sie müde sind, wenn nichts mehr geht, dann ziehen Sie sich zurück, betrachten Sie die Situation und versuchen Sie herauszufinden, warum etwas nicht in Harmonie ist. Versuchen Sie zu erspüren, wo etwas in Harmonie ist und wo nicht.

Denn dort oben haben wir einen Bezugspunkt, auch wenn er weit weg und nur schwer zu erhorchen, zu erfühlen ist! Alle Worte von Christus z. B. sind ganz einfach. Es sind Gesetze von dort oben. Und diese Gesetze von dort oben sind einfach – und hier unten sind sie nicht verständlich. Deswegen ist dieses «Dahinter-Sehen» erforderlich. Was Christus selbst gesagt hat, ist sehr einfach. Das kann man alles auf eine kleine Liste schreiben...

Über das Vertrauen

Je mehr und je schneller man sich entwickelt, um so anders muß man das Vertrauen-Haben sehen: Vertrauen in etwas haben, in eine Person oder auf bestimmte Zusammenhänge vertrauen, all das ist durchaus möglich – für eine beschränkte Zeit! Denn wir alle werden von diesem Mechanismus der Transformation mitgerissen, wir verlieren Ängste, die Art des Verhaftetseins ändert sich und nach einiger Zeit...

Ich erinnere mich noch, wie meine Großmutter sagte: «Ja damals konnte man noch Vertrauen haben... » Damals! Das stimmt. Damals gab es noch nicht diese Zyklen!

Die Menschen haben eine Ausbildung in der Schule erhalten, und mit 80 Jahren, als sie starben, galten immer noch die gleichen Prinzipien.

Aber heute – heute gibt es eben diese Zyklen – und sie wirken auf jeden ein. Niemand kann sich dem entziehen. Und deswegen ändert sich auch dieser Begriff des Vertrauens. Dieser veränderten Situation muß man Rechnung tragen und auch seinen Begriff vom Vertrauen ändern!

Beachten Sie noch etwas... Sie selbst ändern sich ebenfalls. Sie selbst sagen z. B.: Gut, einverstanden, ich werde das und das tun, ich vertraue auf dies, ich vertraue auf jenes...

Aber Sie selbst ändern sich, Sie sind anders, Sie lösen sich mehr und mehr. Und eines Tages werden Sie sagen: Ich habe das getan? Ich muß ja verrückt gewesen sein! – Sie sehen, daß Sie auch auf sich selbst aufpassen müssen. Sie selbst ändern sich und haben heute nicht mehr die gleichen Ideen und Vorstellungen, die Sie noch vor sechs

Monaten hatten. D. h. auch Sie können sich nicht mehr festlegen.

Alles entwickelt sich. Die Konsequenz daraus: bereit sein, jederzeit alles in Frage zu stellen. Sonst sind Sie blockiert.

Deswegen kann auch – Achtung, ich spreche jetzt ganz allgemein –, deswegen kann auch ein Vertrag zu einem Bremsklotz der Entwicklung eines Menschen werden. Sie machen z. B. heute einen Vertrag und vereinbaren etwas. Und dann, ein Jahr später – Sie haben sich inzwischen weiterentwickelt – sind Sie an diesen Vertrag gebunden. Einerseits ist das gut, denn Sie haben dann eine gewisse Sicherheit, aber Sie und der andere sind auch blockiert... Das sind natürlich die Gesetze von morgen. Es sind Gesetze, die nicht unbedingt schon heute für alle Menschen zutreffen müssen.

Es sind die Gesetze für solche Menschen, die sich ihrer persönlichen Entwicklung bewußt werden! Früher hat es zehn Jahre oder länger gedauert, bevor man sich von einer Idee getrennt hat. Heute passiert so etwas in zwei Wochen! Bei dieser Geschwindigkeit, was können Sie da viel anderes tun?

Dieser Begriff des Vertrauens wird also mehr und mehr relativ und kann nur für kurze Zeitspannen angewendet werden – und man muß ihn immer wieder überprüfen. Das soll nicht heißen, daß man kein Vertrauen mehr haben sollte. Natürlich kann man das! Aber man hat Vertrauen in das Innere der Menschen, man verläßt sich auf das «Dahinter»! Sehen Sie den Unterschied?

Man sieht dahinter, man sieht mehr. Und darauf verläßt man sich. Und dann, wenn man diesen Begriff des Vertrauens, der sich auf Begründungen, auf den Intellekt stützt, wenn man dieses Vertrauen fallen läßt und sozusagen hinter die Person sieht, wenn man sich auf seine eigene Intuition verläßt – wenn man wirklich so handelt, nun –, dann sieht man dahinter! Sie sehen Zusammenhänge, Sie sehen Ihr Leben, unser Leben zusammenhängen.

Und Sie werden erkennen, daß die Beziehungen unter den Menschen nicht mehr zu trennen sind, daß sie alle dasselbe sind! Sie können sich auf nichts anderes verlassen. Nicht auf das, was sie sagen. Denn das, was sie Ihnen sagen – sechs Monate später werden sie Ihnen etwas anderes sagen. Natürlich ist das nicht immer so, aber im großen und ganzen wird es so sein. Wir wissen, warum es so ist und daß es so sein muß – weil die Evolution heute mit dieser außerordentlich großen Geschwindigkeit voranschreitet.

Wenn Sie das Äußere blockieren, entweder durch Gefühle oder durch Verträge oder durch Fakten, festgefahrene Situationen – dann kann diese Kraft dahinter, die kommen will, die eindringen will, die es wieder und wieder versucht – dort, wo es möglich ist! –, nun, diese Energie kann dann ihr Vorhaben nicht ausführen!

Wie soll ein Göttlicher Plan durchgeführt werden, wenn – jetzt ganz allgemein –, wenn die Umstände, die Personen, mit denen dieser Göttliche Plan durchgeführt werden soll, wenn diese Personen durch Verträge, Konzepte und fixe Ideen gelähmt sind? Diese Energie, die auf der irdischen Ebene, auf der Ebene der Materie angekommen ist, kann dann nicht mit ihnen und durch sie handeln.

Die neue Sensibilität (1)

«Der große Weg verläuft von innen heraus, vom Leben zum Leben, vom Ursprung dorthin, wo es sich in der Materie verdichtet.

Dieser Weg bringt den Menschen in direkten Kontakt mit seinem eigenen Selbst, seiner eigenen inneren geistigen Energie, welche direkt verbunden ist mit dem ‹großen kosmischen Wesen›, der schöpferischen Energie.

Das Zustandekommen dieser Verbindung macht sich nicht durch besondere Erlebnisse oder Empfindungen bemerkbar. Es ist eher der andere Zustand, in dem man sich befindet. Man handelt aus einer anderen Haltung heraus und hat eine veränderte Einstellung zum Leben, zu den Vorgängen in der äußeren, materiellen Welt.

Ist eine solche Verbindung erst einmal zustande gekommen, dann bleibt sie bestehen. Man kann sie auch als Initiation bezeichnen oder als Vereinigung mit der großen, bewußten und intelligenten Energie des Universums.»

Um weiterzukommen, muß die Sensibilität des Nervensystems erhöht werden. Wir müssen in der Lage sein, feinere Schwingungen zu empfangen.

Wenn Sie z. B. mit jemandem zusammenkommen, dann versuchen Sie, sich einen Eindruck von ihm zu machen. Sie sehen ihn an, Sie sehen, wie er gekleidet ist, wie seine Augen sind, wie seine Nase ist, seine Haare, seine Schuhe... und selbst, wenn Sie dieser Person die Hand geben, fühlen Sie, wie sie Ihnen die Hand gibt, weich oder fest usw. Dadurch versuchen Sie, sich einen Begriff von dieser Person zu machen. Das ist die normale Methode.

Die zweite Möglichkeit ist, sich nach innen zurückzu-
ziehen, sich eine abstrakte Vorstellung von der Person zu
machen, d. h. *sich abstrakt vorzustellen*, wie sie gekleidet ist, ob sie gut riecht oder nicht gut riecht... D. h. Sie
gehen nach innen. Sie versuchen, eine innere, sensiblere
Position einzunehmen und zu spüren, welchen Eindruck
diese Person *auf Ihr Inneres* macht.

Wenn Sie z. B. sagen: «Diese Person ist sympathisch»,
dann ist das ein Anfang, hier beginnen Sie schon, mit
anderen Sinnen zu arbeiten. Sie mögen vielleicht auch
sagen: «Diese Person ist mir unsympathisch. Es ist etwas
an ihr, ich weiß nicht, was es ist, aber es ist mir unsympathisch.» Sie werden vielleicht auch sagen: «Wenn diese
Person da ist, dann halte ich es hier nicht aus, ich muß
weggehen.» Und das sind jetzt *Gefühlseindrücke einer
anderen Art*. Das ist das, was passiert, wenn man nach
innen geht, wenn man versucht, von innen heraus etwas
zu sehen, zu fühlen. Das sind die Eindrücke, die, wenn sie
immer wieder geschult werden, die Sensibilität Ihres
Nervensystems mehr und mehr verfeinern. Damit erlauben Sie dieser feinen, kosmischen Energie immer mehr
und mehr, Ihr Nervensystem zu durchdringen.

Stellen Sie sich vor, Sie sitzen im Kino in einem be-
quemen Sessel und sehen sich einen Film an. Genau das
gleiche sollten Sie im Leben tun. Wenn Sie den Film sehen
wollen – nämlich die *Realität dahinter* –, dann müssen
Sie entspannt und neutral sein. Und Sie dürfen dabei
nicht an andere Dinge denken: Sie müssen *da sein*. Dann
sehen Sie den Film dahinter! Das ist die richtige Grundhaltung, um die Sie sich bemühen sollten: ausgewogen,
neutral, losgelöst sein. Sie sollten mental ausgeglichen
sein, d. h. «weiche», entspannte, offene, anpassungsfä-
hige Gedanken haben, die nicht festgelegt sind, die noch
mitgehen können: Sie sollten geistig «jung» sein.

Und es ist einfacher, dorthin zu kommen, wenn der
physische Körper entspannt ist, ausgewogen, neutral und
einen ruhigen Geist hat. Das nennen wir *Potential haben*.

Dazu sollte man einen äußeren Rahmen verwirklichen, eine ausgeglichene Familie, eine harmonische Umgebung – und den Gesetzen des Bewußtseins folgen, ihm angeschlossen sein. Potential haben bedeutet, Ausstrahlung haben. Je losgelöster Sie sind, je weniger Ego Sie haben, je mehr Sie «in Null» sind, um so mehr kann die Kraft in Sie kommen, um so größer ist Ihre Ausstrahlung, Ihr Potential.

Durch physische Handlungen und Ihren Verstand können Sie aus dem Gleichgewicht kommen. Denn Sie sagen: «Das mag ich,... das hier mag ich nicht...» Das sollten Sie nicht tun, es ist mechanisch und störend. Es lenkt ab. Natürlich übertreibe ich jetzt. Aber es ist dann besser verständlich. Sie sagen: «Das ist gut für mich, das ist nicht gut für mich», alles das legt fest. Das geistige Gesetz sagt: «Laufen lassen, zum Einfachen hin laufen lassen! Es dorthin treiben lassen, wo es einfach geht!»Das ist das Gesetz des Höheren Bewußtseins. Wie das Wasser auf dem Tisch, es läuft dorthin, wo es einfach geht!

Dieses Erfühlen, Erspüren ist ein ständiges Experimentieren. Wenn Sie jetzt dieses innere Gefühl nicht mehr loslassen, wenn Sie ständig versuchen, so von innen heraus alles um sich herum zu erspüren, dann ziehen Sie immer mehr und mehr Ihre Aufmerksamkeit nach innen. Und das, was Sie dann fühlen, wird mehr, wird reicher... es wird eine neue Sensibilität. Und darum geht es. Alle Sensationen, alle Eindrücke, die kommen, können Sie in diese zwei Gruppen teilen: Einmal haben Sie die fünf physischen Sinne, und dann haben Sie die spirituellen Sinne. Man wird mehr und mehr diese fünf Sinne hier vergessen und dahinter fühlen, bis diese eines Tages verschwinden und nur noch die spirituellen Sinne ihren Platz einnehmen. Und diese bleiben Ihnen dann und verlassen Sie nie wieder.

Und dann sehen Sie anders, Sie fühlen anders. Auf den ersten Eindruck hin ist das kein Vorteil für das Erkennen der materiellen Welt, denn Sie fühlen mehr, Sie sehen mehr. Aber es ist im Sinne des Fortschritts. Dort geht es hin!

Der Mensch ist zweierlei: Ein kleiner Mensch des Egos und ein großer Mensch des Unendlichen, Göttlichen Bewußtseins. Und der große Mensch nimmt mehr und mehr den Platz dieses kleinen Menschen ein. Das eine Nervensystem muß den Platz des anderen Nervensystems einnehmen.

Wenn Sie mit jemandem zusammen sind, der diese gleiche innere Sensibilität hat wie Sie, dann geht das sehr gut. Sie erfahren etwas, der andere spürt etwas, die Relationen sind diskreter, feiner, harmonischer, delikater, sensibler... Wenn Sie aber verschiedene Nervensysteme haben, dann ist es schwieriger: Wenn Ihr zweites Nervensystem in diesem Sinne arbeitet und Sie mit anderen Menschen zusammen sind, dann scheinen sie Ihnen nicht mehr dieselben zu sein. Denn *Sie* haben sich verändert, *Sie* sind nicht mehr in Harmonie mit den anderen, *Sie* fühlen dann mehr! Und nun werden Sie auch feststellen, daß sich plötzlich manche Personen Ihnen gegenüber aggressiv verhalten.

Aber dann ändern sich auch sonst Ihre Beziehungen zu Ihrer Umwelt. Sie werden sich wohler fühlen mit Menschen, die eine bestimmte höhere Sensibilität haben. Und Sie werden es unangenehmer empfinden, mit anderen Menschen zusammenzusein. Die Art des Kontaktes, die Konzeption des Zusammenseins mit den anderen wird sich ändern. Sie werden weniger aggressive, eher ruhigere Kontakte suchen.

Also nochmals: Unser Nervensystem ist doppelt. Es ist gleichzeitig das Bindeglied zwischen diesen beiden Welten. Beide Nervensysteme sind aneinandergeklebt. Und zwischen den beiden ist etwas, was verhindert, daß das Höhere Bewußtsein durchdringen kann. Durch das Nach-innen-Fühlen kommt man mehr und mehr in Kontakt mit seinem zweiten Nervensystem, welches viel sensibler und viel intuitiver ist, denn dieses Nervensystem hat direkten Kontakt mit dem Göttlichen Bewußtsein. Dieses Nervensystem ist eine hypersensible Antenne.

Aber je sensibler Sie werden, je mehr Sie nach innen gehen, um so mehr wird auch dieses Nervensystem verletzbar. Der Lärm z. B., Gerüche oder, wenn Sie schon sehr sensibel geworden sind, disharmonische, aggressive Gedanken anderer machen Ihnen zu schaffen. Deswegen ist es dann wichtig, eine ruhige, harmonische Umwelt zu haben. Aber wenn Sie sich zu stark zurückziehen, ist das auch nicht gut. Denn dann werden Sie gegenüber den Problemen des Alltags unangepaßt, weil Ihr Nervensystem zu sensibel ist.

Im Körper ist alles doppelt. Das gilt auch für die *Atmung*. Auch hier ist die «*andere Atmung*» das Wichtige. Wenn wir uns manchmal in einem ganz bestimmten Zustand befinden, ausgeglichen, entspannt, dann spüren wir in uns plötzlich einen anderen Atemrhythmus. Etwas in uns atmet – einmal – mehrere Male tief und lang. Es ist eine Art tiefer Seufzer. Es ist eine Atmung, die uns nicht gehört, oder besser, die uns nicht bekannt ist. Das ist die Atmung unseres inneren Wesens... einer anderen Welt. Ein Mensch atmet ungefähr 16mal pro Minute. Das ist ungefähr das gleiche bei allen. Ähnlich ist es mit der Luftmenge. Aber innerlich hat jeder eine Atmung, die nur ihm eigen ist. Es ist die Atmung seines inneren Wesens – seiner Seele, wenn Sie so wollen.

Und je weiter man sich entwickelt, um so mehr und kräftiger ist diese andere innere Atmung. Etwas atmet immer stärker und zieht immer mehr. Das ist die kosmische Atmung, es ist eine Atmung, die aus dem Unendlichen kommt und hier auf der Erde in einen Rahmen gepreßt wird... Und wie atmet dieses andere Wesen uns? Es atmet über die Energiezentren! Deswegen muß man sensitiv werden, und man muß seine Stimme nach innen richten. Das ist sehr wichtig! Damit man eines Tages seine Chakras fühlt. Man muß wissen, daß unsere Atmung – d. h. die Atmung, die wir kennen – die unseres

Egos ist. Und Sie müssen auch wissen, daß Sie in sich selbst eine andere Atmung finden müssen, wenn Sie voranschreiten wollen.

Wenn Sie sich entspannen und in sich hineinhorchen, dann kann plötzlich der Moment kommen, wo Sie eine bestimmte Wärme fühlen oder auch etwas anderes – das sehr persönlich ist –, aber dann müssen Sie mitgehen! Wenn Sie sich dieses wichtigen Vorgangs nicht bewußt sind, der dann in Ihrem Inneren abläuft, dann denken Sie bei sich vielleicht: «Ach, es wird halt irgendeine Wärme sein...» Und das ist sehr schade, denn dann haben Sie eine sehr wichtige Gelegenheit verpaßt. Sie haben etwas verloren, was in Ihrem Inneren anfangen wollte. Sie haben Ihre Sensibilität abgeschnitten. Sie haben das Licht abgeschaltet, das gerade kommen wollte. Deswegen immer mitgehen!

Wenn Sie sich auf einen Stuhl setzen und ein Buch lesen oder wenn Sie meditieren, dann kann es sein, daß Sie nie in einen solchen Zustand kommen. Und dann kann es passieren, daß in einem Moment, wo Sie es überhaupt nicht erwarten, während des Essens, beim Kaffeetrinken, während Sie sprechen, daß es dann passiert. D. h. es muß nicht nur dann passieren, wenn Sie entspannt sind.

Sie können deswegen nichts anderes tun als immer aufpassen. Denn Sie wissen nie, wann der Moment gekommen ist, wann diese kleinen Sensationen in Ihnen hochkommen werden, wann Ihr Nervensystem den Punkt erreicht hat. Und das, was Sie dann fühlen, gehört Ihnen selbst, es ist etwas Neues, Ungewohntes... Sie müssen bereit sein, denn das Höhere Bewußtsein macht niemals das gleiche zweimal, niemals! Denn die Eigenart des Kosmischen Bewußtseins ist der Wechsel. Und wenn es Ihnen einmal etwas zeigt, schade, wenn Sie es nicht bemerkt haben: Denn dann werden Sie das gleiche nie wieder gezeigt bekommen. So ist das nun einmal. Es ist durchaus keine böse Absicht dahinter – nein! So ist nur der Ablauf. Und Sie machen dann damit, was Sie wollen!

Aber auch in Ihrem Innern ist es dasselbe. Das dürfen Sie nicht vergessen: Ständig kommen Mitteilungen für Sie an, immer. Aber der Mensch ist zu stark von seinem Äußeren absorbiert, von der äußeren Welt, daß er nicht bemerkt, was innen vorgeht, daß er alles verpaßt.

Aber je mehr Sie innerlich sensitiv werden, um so mehr bemerken Sie, was in Ihnen vorgeht. Sie werden die Zyklen spüren. Und es wird in Ihnen lebendig werden. Und dann spüren Sie noch etwas anderes, wie z. B.: «Mit dieser Person hier, das geht nicht, weil sich mein Inneres verschließt. Wenn diese Person da ist, dann schließen sich meine Chakras, etwas geht zu... » Oder Sie fühlen: «Ich fühle mich aber sehr wohl hier, was ist bloß los? Warum fühle ich mich so wohl hier?» Und Sie werden dann immer mehr und immer mehr vereinfachen, weil Sie nur noch spüren: Das ist so, weil Sie nicht mehr versuchen, es zu begründen. Sie werden den ganzen mentalen Prozeß ausschalten. Und Sie werden direkt wissen! Sie werden direkt fühlen und sofort wissen!

Und das geht schneller und schneller. Und das kann man nicht verstehen. Und Sie können es auch nicht erklären. Denn damit es die Leute verstehen, müssen Sie es ihnen erklären, lange. Und wenn Sie es gut erklärt haben, tagelang, wochenlang, haben es die anderen immer noch nicht verstanden – denn man muß es selbst erleben.

So ist das mit der inneren Sensibilität: Sie wissen sofort, und Sie werden sich immer noch sicherer – ohne äußerlich zu wissen, warum.

Oft wird etwas kommen, was Sie nicht verstehen. Dann hat es nicht viel Zweck zu fragen: warum? Es hat keinen Zweck, sich mental auf das Warum zu fixieren. Passen Sie sich an, gehen Sie mit! All das hat seinen Grund, und Sie werden den Grund zu seiner Zeit erfahren.

Aber wenn Sie aufmerksam sind und versuchen, dahinterzusehen, dann werden Sie den roten Faden erkennen. Denn diese Sensibilität ist dann ein Teil der Sensibilität des Kosmischen Bewußtseins. Und wenn Sie bereit sind und wenn Sie sensibel genug sind, werden Sie die Antwort erhalten.

Wenn Sie in die «Null» kommen, dann können Sie sich sagen, daß Sie jetzt die hauptsächlichen Verhaftungen losgeworden sind. Sie haben damit die Hauptschwierigkeiten, die normalen, primitivsten Probleme des täglichen Lebens überwunden.

Und jetzt ist es an Ihnen, *jeden Tag etwas bewußter zu werden*, d. h. jeden Tag mehr im Sinne des Höheren Bewußtseins zu leben. Im übrigen geht alles wie bisher weiter, es ändert sich nicht gleich alles.

Und trotzdem werden Sie eine gewisse Veränderung in Ihrem Leben feststellen. Es wird sich vieles zum Positiven hin ändern. Denn was heißt das, nach Null kommen? Es ist genauso, als wenn Sie bisher die normale Landstraße gefahren sind und jetzt auf die Autobahn kommen. Ganz offensichtlich hat sich etwas geändert. Anstatt die mühsamen, kleinen, kurvenreichen Straßen zu fahren, kommen Sie jetzt auf eine breite, gerade Bahn. Sie können jetzt viel wirksamer arbeiten.

Das Leben geht sonst wie normal weiter. Auch Ihre Suche nach innen geht weiter, solange Sie leben. Denn etwas ist jetzt da, was Sie begleitet und was für Sie wichtiger und wichtiger wird, bis eines Tages nur noch *dieses eine* da ist.

Und mehr und mehr werden Sie spüren, daß dieses Bewußtsein etwas Lebendiges ist, daß es ein lebendes Wesen ist. Und Sie werden bemerken, daß Sie wie zwei Freunde zusammen sind...

Teil 2

Über die Seele und den Körper

«Wer bin ich, und warum bin ich hier?»
Das sind Fragen, die wir uns alle früher oder später stellen.

Wir haben einen Körper. Das ist das, was wir kennen. Dazu gehören unser Verstand, unser Tagesbewußtsein und so weiter. All das können wir auch als «Äußeres Ich» bezeichnen.

Dann haben wir etwas, was wir nicht kennen. Wir wollen es «Inneres Selbst» oder eben «Seele» nennen.

Wir sind aber nicht unser Körper und haben eine Seele – sondern wir sind unsere Seele und haben einen physischen Körper!

Und während wir uns in einem physischen Körper befinden, unterliegen wir gewissen Einschränkungen,

einmal, weil wir ein Seelenkarma mitbringen und

zum zweiten, weil wir dann einem Körperkarma zusätzlich unterliegen.

Unser Seelenkarma sind die selbstgeschaffenen Belastungen aus der Vergangenheit. Dieses Karma bestimmt in erster Linie unser diesmaliges Schicksal. Es ist ein Schicksal, welches – wenn wir es leben! *[Wenn wir es leben! Und das ist Selbstverwirklichung!]* – uns am schnellsten von unserem Karma befreit. Denn dieses Schicksal, das sind letztlich die Erfahrungen, die unsere Seele für ihre Entwicklung braucht.

Unser Körperkarma wird von dem Milieu geschaffen, in das er hineingeboren ist, d. h.
– von seinem Körper selbst: seinem Mental, seinem Ego
– von der Zeit, in der er lebt
– von seiner familiären, sozialen und sonstigen Umwelt

Und hier machen die Menschen so viele Umwege. Das

sind die Komplikationen. Und auch schaffen sie so neues Karma.

Auf der Abbildung B haben wir das einmal graphisch dargestellt:

Nehmen wir an, die dicke Linie sei das Leben, das die Seele in ihrem Körper leben will, und die Anlaufpunkte A, B die äußeren Ereignisse – z. B. das Zusammentreffen mit Herrn X oder die Ausbildung… oder andere Ereignisse.

Die dünne Linie bezeichnet nun das, was wir in Wirklichkeit leben, die Umwege und die Komplikationen, die wir durch unser Ego, durch unser «unreines Wollen» verursachen – beispielsweise durch Gefühle, welche nicht zu sein brauchten, oder durch unnötiges Hingezogensein zu einer Person, durch Probleme, die Sie an eine Person X binden, oder aber durch Mental-Ideen, die nicht die Ihren sind; sie stammen vielleicht von Ihrem Großvater, der sie Ihnen in den Kopf gesetzt hat… usw. Es sind Wege, die unnötig sind – und die Zeitverlust bedeuten.

Wir leben oft also gar nicht unser eigenes wahres Leben, weswegen wir ja hier auf der Erde sind.

Noch etwas zum Körperkarma: Durch unseren physischen Körper haben wir ein irdisches, ein materielles Karma, fast möchte ich sagen, ein chemisches, ein zelluläres Karma. Da wir physische Organe haben, müssen wir Sauerstoff atmen – und schon haben wir eine ganze Kette von Zusammenhängen geschaffen.

Wir bewegen uns, wir atmen, wir essen, wir schaffen also ständig neues Karma. Wenn wir einen Atemzug tun, wenn wir Sauerstoff in uns aufnehmen, treffen wir bereits unbewußt eine Entscheidung: Wir weisen z. B. Stickstoff zurück.

Wir sind einerseits Individuen, andererseits sind wir Teil eines Kollektivs… Teil unserer Familie, unserer Freunde, unserer Berufskollegen – und genauso Teil unserer Sprache und unseres Landes. Wir werden in eine Umgebung hineingeboren, die ihr eigenes Karma hat. Man kann da von einem Gruppen-Karma sprechen, aber auch

Abbildung B:
Die Seelenschwingungen und das Schicksal

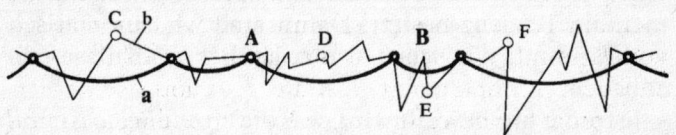

———————		WELLENLINIE DES VORBESTIMMTEN SCHICKSALS MIT FESTGELEGTEN EREIGNISSEN – ALTES KARMA ERFÜLLEN
o A	Z.B.	BEGEGNUNG MIT EINEM MENSCHEN
o B		BERUFSAUSBILDUNG
———————		ZICK-ZACK-LINIE SELBSTGEWÄHLTER UMWEGE MIT IRRITATIONSPUNKTEN – NEUES KARMA VERURSACHEN
o C	z.B.	GEFÜHLE, AFFEKTE
o D		UNNÖTIGES HINGEZOGENSEIN ZU EINER PERSON
o E		ABHÄNGIGKEITSPROBLEM
o F		IDEEN, DIE IHNEN JEMAND IN DEN KOPF GESETZT HAT

von einem Volks-Karma und sogar von einem Karma der ganzen Menschheit.

Und wir partizipieren an diesem gemeinsamen Karma. Unser Schicksal ist somit zu einem Teil vorgegeben – einfach auf Grund der Tatsache, daß wir in eine bestimmte Zeit und Umwelt hineingeboren wurden. Diesem Karma unserer Gruppe können wir uns nur schwer entziehen.

So werden wir zum Beispiel in eine Familie geboren, die einen bestimmten Glauben hat oder eine bestimmte mentale Tendenz besitzt. Damit sind wir automatisch vorbestimmt. Wir haben also zusätzlichen «Ballast» abzubauen.

Je früher uns bewußt wird, was die *eigene Seele ist und will* – und was auf der anderen Seite die äußere Welt und der physische Körper für einen Einfluß auf uns ausüben –, um so besser ist es. Wir können dann unnötige Umwege vermeiden lernen.

Es gibt nur ein Ziel, das ist die Entwicklung!

Und die einzelnen Punkte unseres Schicksals sind Entwicklungs-Faktoren, die uns Situationen schaffen, in denen wir unsere Unvollkommenheiten überwinden lernen.

Solange wir also unser Schicksal nicht erfüllt haben, werden wir immer wieder mit den gleichen Problemen konfrontiert – so lange, bis es für uns keine Probleme mehr sind.

Und jeder hat seine eigenen Probleme, und bei jedem sind es andere. Und diese eigenen Probleme gilt es zu meistern. Und das ist nur möglich durch Handeln, durch Tun.

Damit wir aber unser *eigenes* Schicksal leben können, müssen wir uns erst einmal freimachen vom sogenannten Körperkarma, das heißt von den Fremdeinflüssen aus unserer Umwelt, von allen Elementen, die nicht wir selbst sind, z. B. von Wünschen, Vorstellungen, Ratschlägen der Menschen aus unserer Umgebung, von Elementen und Schwingungen, die uns von außen beeinflussen, die aber nicht aus uns selbst stammen.

Wir müssen auch wissen, daß, wenn wir das Leben eines anderen leben, wir ihm damit durchaus nicht helfen, im Gegenteil, wir verstärken sogar noch seine eigenen Schwingungen und damit das Karma, welches ihm anhängt! Denn nur er allein kann sich von seinem Karma befreien – indem er selbst es lebt!

Und noch etwas: Während wir das Leben eines anderen leben, können wir nicht unser eigenes Leben leben.

Wir leben ja nicht einmal lange genug auf dieser Erde, um alles reinigen zu können, was uns selbst betrifft. Besonders deswegen sollten wir uns auf uns selbst beschränken.

Darum sage ich immer wieder, vereinfachen, vereinfachen – und zwar vereinfachen auf allen Gebieten!, damit wir möglichst wenig unnötigen, äußeren, fremden Einflüssen ausgesetzt sind.

Es sind die oftmals unnötigen Gegenstände, mit denen wir uns umgeben, ebenso gemeint wie ein zu aufwendiger oder zu komplizierter Ablauf unseres täglichen Lebens oder unnötige persönliche Bindungen oder aber das große Durcheinander von zehn Gefühlen gleichzeitig, von denen vielleicht nur ein einziges darunter ist, welches uns selbst angehört, weshalb wir nicht so handeln, wie wir es wollen, sondern wie es die anderen wollen.

Alles dies lenkt ab. Es kostet unsere Aufmerksamkeit – und unsere Zeit! Und wir haben nur beschränkte irdische Zeit zur Verfügung!

Wir sollten ein Leben leben, das uns gehört, ein Leben, das so einfach ist, daß wir zu uns selbst finden und uns auf das beschränken können, was wir selbst sind, was uns selbst entspricht.

Kommt dann ein Gedanke, ein Wunsch, ein Gefühl in uns hoch – dann ist das, was da kommt, unser Eigenes, dann kommt es aus unserem eigenen Inneren, hängt mit unserem eigenen Körper zusammen, mit unserer eigenen Vergangenheit, mit unserem eigenen Karma.

Dann können wir auch entsprechend reagieren: wir spüren das Gefühl, wir stellen uns darauf ein, wir erkennen es, wir schauen zu, es wird uns bewußt – und wir können lernen, es zu überwinden.

Wenn wir uns weiterentwickeln wollen, das heißt, wenn wir uns reinigen wollen – und dies nicht nur auf der materiellen Ebene –, dann helfen uns dabei Kräfte aus höheren Dimensionen!

Wir allein können nicht viel tun. Denn alle Vorstellungen, die wir hätten, wären ja notgedrungen wieder mental. Alle Vorstellungen, alle Systeme, vor allem alle technischen Systeme, alle Meditationstechniken und so weiter hätten deshalb nur einen sehr beschränkten Wert und brächten uns nur ein kurzes Stück weiter.

Und darum ist es interessant zu wissen, daß da, wo wir selbst nichts tun können, andere Kräfte am Werk sind und uns helfen. Diese Kräfte sind nicht nur da; wir können sie auch bereits spüren – sie sind schon sehr aktiv!

Doch erwarten sie von uns eine gewisse Empfindsamkeit und Empfangsbereitschaft als Voraussetzung dafür, daß wir – was ist es anderes? –, daß wir uns selbst wahrnehmen!

Deshalb sollten wir um ein Gleichgewicht zwischen innen und außen bemüht sein, das heißt um eine Ausgewogenheit zwischen Handeln und Nichthandeln, zwischen dem, was wir in der Außenwelt tun, und der Suche in unserem eigenen Inneren.

Wir sollten öfter stille sein, in uns hineinhorchen, in uns selbst ruhen! Damit wir lernen und fühlen können, was in uns passiert. Damit wir unsere Vorstellungen, unsere Ideen, unsrce Gefühle und unsere Stimmungen beobachten und kennenlernen können.

Der Körper ist dazu da, der Seele das Leben in einem materiellen Körper auf der materiellen Erde zu ermöglichen. Der Körper soll also der Seele bei der Erfüllung ihrer

Aufgaben dienen, soll das Leben der Seele leben. Meistens jedoch muß die Seele das Leben des Körpers leben.

Meistens ist es noch so, daß die Seele, dieses kosmische Wesen, den Bewegungen des Körpers und seinen Gesetzen folgen muß, weil der Körper ein Eigenleben entwickelt hat. Der Körper wird motiviert durch sein Ego: seine Vorstellungen, seine Wünsche.

Der Körper bringt z. B. einen gewissen Stolz mit. Stellen wir uns deshalb vor, daß die Seele eine bestimmte Handlung ausführen will. Doch der Körper hindert sie daran, weil er seinen Stolz nicht überwinden kann – und die Handlung unterbleibt! Die Seele konnte nicht handeln, wie sie wollte.

Unser heutiger Körper ist ein Körper der Wünsche und die Verbindung zwischen Vergangenheit und Zukunft, denn heute gestalten wir die Zukunft dadurch, daß wir Wünsche haben und diese Wünsche in die Zukunft projizieren. Unsere Zukunft wird also von unseren heutigen Wünschen bestimmt.

Aber sobald der Körper keine Wünsche mehr hat, sobald das Eigenleben dieses Körpers zu Ende geht, kann das Leben der Seele beginnen und – das Leben des Geistes im Körper.

So ist es extrem ausgedrückt. Natürlich gibt es auch einen Rhythmus dieses Lebens, wie wir es kennen, in welchem die Wünsche des Körpers eine gewisse Befriedigung erlangen müssen.

Doch wichtig ist vor allem, daß es sich dabei immer nur um die eigenen Wünsche handelt und daß man diesen nicht die Wünsche der anderen hinzufügt.

Wir müssen unterscheiden lernen zwischen den eigenen Wünschen und den kollektiven Wünschen, dem kollektiven Ego. Unsere Wünsche und unser Karma hängen eben eng zusammen. Und neue Wünsche bedeuten neues Karma, Neues, das uns vom Göttlichen trennt... Ich sagte einmal, daß es verschiedene *Existenzebenen* gibt. Diese Existenzebenen stehen in Verbindung mit den sieben Energiezentren. Das Wesen Mensch existiert auf allen sieben Ebenen, und es hat auf allen diesen Ebenen ein Karma: D. h., wir leben nicht nur auf der Erde, wir leben auf mehreren Existenzebenen gleichzeitig. Man kann nicht einmal streng zwischen der einen und der anderen Ebene trennen, denn Ursachen aus einer Ebene haben Auswirkungen auf eine andere.

Um auf unserer irdischen Existenzebene leben und handeln zu können, muß sich die Seele den Umweltbedingungen anpassen. Sie braucht einen Anzug, einen Raumanzug, der den physikalischen Bedingungen auf unserem Planeten angepaßt ist.

Ein solcher Anzug ist unser Körper. Und die Erde bietet der Seele das «Baumaterial» für diesen Körper – und damit die Möglichkeit, sich für eine bestimmte Zeit der Entwicklung auf ihr aufzuhalten, dort bestimmte Aufgaben zu erfüllen und dabei zu lernen und sich weiterzuentwikkeln.

Und während dieser Entwicklung auf der Erde *kann sich die Schwingungsfrequenz der Seele verfeinern.*

Je gröber ihre Schwingung ist, um so mehr lebt der Mensch das Leben des Körpers. Hier muß die Seele noch kämpfen, es ist noch alles in ihr: alle Probleme des täglichen Lebens, der Politik, des Vitals und so weiter – und vor allem das Haben-Wollen. All das spielt noch eine große Rolle.

Wenn die Schwingung immer feiner und ausgeglichener wird, wirkt zunehmend das Höhere Bewußtsein in das Leben des Menschen hinein. Stärkere Kräfte ziehen, reinere Impulse kommen, die Intuition wird deutlicher... bis die Seele und der Körper einen Entwicklungsstand erreicht haben, wo dann keine Notwendigkeit mehr besteht, den Zwängen des irdischen Karmas zu folgen. Der Mensch kann dann diesen Gesetzen entweichen. Durch die hohen Vibrationen paßt er z. B. nicht mehr in das gewohnte Raster der Astrologie.

Aber da der Mensch nicht nur dieser Entwicklung

wegen auf der Erde ist, sondern auch, um bestimmte *Aufgaben* auszuführen, hat er dann die Möglichkeit, nur noch für diese Aufgaben zu leben: Er ist dann nur noch Werkzeug, er tritt dann, so kann man sagen, einem Göttlichen Plan bei. Er will dann ihm bestimmte Aufgaben erfüllen.

Heute hat immerhin schon eine ganze Reihe von Menschen diesen Entwicklungsstand erreicht – nur sind sich viele dessen nicht bewußt. Es sind die Menschen, die sich nirgends mehr richtig zugehörig fühlen, Menschen, die ein «neues Leben» beginnen, die ihre alten Bedingungen zu ihrer alten Umwelt, zu ihren Familien, zu ihrem Haus mehr und mehr verlieren. – Menschen, die frei geworden sind.

Dort beginnt der *Neue Mensch*!

Und noch etwas ereignet sich dann: Man hat keinen Platz mehr auf der Erde. Was heißt das? Das heißt, daß man sein Schicksal hier auf der Erde erfüllt hat. Wenn man jetzt noch länger auf der Erde bleibt, freiwillig, unbewußt eventuell, dann hat man keinen Platz mehr. Man ist nirgends zu Hause.

Man verliert die Bindung, z. B. die Bindung an sein Haus! Und Sie können davon ausgehen, daß ein solcher Mensch heute gleichzeitig auch den Wunsch in sich spürt, umzuziehen oder sich ein anderes Haus, andere Umstände zu suchen.

Auch ist es so, daß Menschen mit gleicher Seelenschwingung sich gruppieren, oft auch, ohne es zu wissen. Wachsen sie weiter, dann orientieren sie sich unbewußt neu: Sie lösen sich von ihrem bisherigen Bekanntenkreis und werden von Menschen gleicher Seelenschwingung angezogen.

Das gilt genauso für ein Buch oder für ein Hobby eines Menschen oder – für alles. Man steigt selbst von einer in die andere Schwingungsebene – und man wechselt daraufhin den Freundeskreis, den Beruf, die Wohnung, die

Umgebung... Denn es gibt auch Unterschiede im Schwingungsbereich zwischen den einzelnen Orten, und unbewußt fühlen wir uns von solchen Orten angezogen, die unserer gegenwärtigen Seelenschwingung entsprechen.

Mit welcher Geschwindigkeit entwickeln wir uns eigentlich?

Nun, wir müssen unterscheiden zwischen der Geschwindigkeit, wie sie bisher stattfand, und der Geschwindigkeit heutzutage. Früher blieb man ein Leben lang in seiner Umgebung, man heiratete, hatte Kinder, saß in seinem Lehnstuhl, rauchte die Pfeife... Wenn man dann starb, hatte man einen ganz kleinen Schritt nach vorn getan. Das war ein normales Leben – früher.

Aber heute ist das anders. Heute befindet sich ja alles auf der Erde in einer Phase der schnellen Entwicklung – auf Grund der neuen Energie, die auf die Erde einwirkt.

Und – es ist gut, noch etwas zu wissen: Auf einer anderen Ebene hängen wir zusammen und beeinflussen uns gegenseitig. Und daraus folgt dann, daß sich Menschen in Gruppen langsamer entwickeln. Da sich die Seelenschwingungen angleichen, kann jemand, der sich schneller entwickeln möchte – oder besser, der eigentlich die sonstigen innerlichen Voraussetzungen dazu hätte –, dennoch nicht schneller vorankommen als die Gruppe, in der er lebt, weil eben jene Trägheit der Gruppe vorhanden ist.

Andererseits aber kann ein Mensch mit niedriger Seelenschwingung, wenn er sich einer Gruppe mit höherer Seelenschwingung anschließt, von dieser Gruppe «mitgenommen» werden. Er hat die Chance eines schnelleren Fortkommens.

Es kann sein – vor allen Dingen in unserer heutigen Zeit mit der besonderen Unterstützung aus dieser anderen Welt –, daß auch ein Mensch mit einer niedrigeren Seelenschwingung kaum noch ein Ego besitzt. Er ist dann in Null. Er ist damit dem Höheren Bewußtsein direkt angeschlossen, und die Intuitionen kommen relativ unverfälscht an. Er entwickelt sich schneller, sein Leben ist weniger mit Leid durchsetzt, seine Seelenschwingung steigt schneller.

Aber – und das sollte man wissen – er bekommt dann neue Wünsche; er verliert zwar das Interesse an bestimmten Dingen, bekommt aber neue Wünsche.

Doch dieses Ego dann wieder abzubauen ist einfacher. Die neuen Interessen und Wünsche sind «weicher»; man hängt nicht mehr so fest daran, man ist eher bereit, sie wieder aufzugeben. Und da das Höhere Bewußtsein ständig «nach oben zieht», entwickelt sich die Seele wieder ein wenig weiter, sobald das Ego losgelassen hat.

So geht es immer fort: Man sucht weiter, man ist offener – man gibt dem dauernden «Drang nach oben» leichter nach. Das heißt, bei höherer Seelenschwingung gibt es durchaus ein Ego, aber es ist nicht mehr im gleichen Maße bestimmend für das Handeln dieses Menschen wie früher. Das Ego ist jetzt «durchlässiger» für das Wollen der Seele.

Je niedriger die Seelenschwingung ist, um so toter sind wir und um so abhängiger sind wir von den Dingen des äußeren Lebens, um so mechanischer handeln wir. Je weiter wir nach «oben» steigen, um so lebendiger werden wir, um so mehr werden wir wir selbst, um so leichter dirigiert uns unsere Seele und um so besser erkennen wir in uns, was wir sind. Die Körperschwingung steigt, und der Körper wird sensibler.

*Trägt z. B. eine besondere Ernährungs-
und Lebensweise dazu bei, eine höhere
Sensibilität des Körpers zu erreichen?*

Nein, verstehen Sie doch! Es geht nicht darum, von außen
auf das Innere einzuwirken. Es muß umgekehrt gehen; die
Außenwelt ist doch die Schöpfung unseres Inneren. Natürlich hinterläßt es Wirkungen, wenn man z. B. kein
Fleisch ißt. Aber da handelt es sich um Ablenkungen, um
unnötige Umwege, wenn wir aus äußeren Beweggründen
so handeln; damit ist es so, wie wenn Sie sich bemühten,
einen winzigen Stein vor dem Reifen eines 50-Tonnen-
Lastwagens wegzuräumen. Die Relationen hierbei stim-
men nicht.

Immer wieder denkt man, daß das, was man anfassen
kann, wirkungsvoller ist als das Innere. So ist es nicht, es
ist umgekehrt! Verschwenden wir doch unsere Energie
nicht damit, das kleine Steinchen wegzuräumen. Dazu
haben wir heute keine Zeit mehr. Die Kraft dahinter, der
50-Tonnen-Lastwagen, will kommen und uns helfen!

Sehen Sie, unser Mental sucht Techniken. Das ist die
Arbeitsweise des Mentals. Wie glücklich wären Sie jetzt,
wenn ich Ihnen sagen würde, daß Sie lediglich die und die
Übungen machen müßten, dies und jenes essen sollten!
Aber heute ist das anders: keine Techniken, kein Mental
– normal sein! Darum geht es doch gerade.

Das Mental möchte immer dirigieren, kommandieren,
alles im Griff halten, alles verstehen. Dabei gibt es nicht
viel zu verstehen. Dabei ist doch alles so einfach.

Das Mental bringt nicht die Lösung. Unsere Aufgabe ist
es, das Mental weich und flexibel zu halten, damit es zu
organisieren aufhört, damit an seine Stelle etwas anderes

treten kann... Diese Seelenenergie will und muß in die Materie eindringen.

Je niedriger die Körperschwingung ist, um so mehr beißt sich das Mental fest, es fixiert, ist fixiert, es sieht eine Fülle von kleinen und kleinsten Problemen, konstruiert «kleinlich» in der Materie, es konzentriert.

Die Seele möchte gern weitersehen, aber der Körper stürzt sich auf die Details und konstruiert.

Wenn die Körperschwingung höher steigt, der Körper sich verfeinert, dann haben wir das, was bei der Transformation passiert:

Der Körper wird zunehmend durchlässiger, transparenter für die feinen Energien – bis er überhaupt keinen Widerstand mehr bietet und die kosmischen Energien völlig ungehindert durch ihn hindurchdringen können.

Ich will auf diese Weise klarlegen, daß es nicht allein darauf ankommt, die Seelenschwingung zu erhöhen, sich nach oben zu entwickeln – und dabei den Körper zu vergessen. Die Materie muß vielmehr mitgenommen werden! Denn es geht um die Transformation des Körpers, um die Transformation der Materie.

Kann eine Körperschwingung auch höher sein als die Seelenschwingung?

Das geht nicht. Das gibt keinen Sinn... So, wie ich es Ihnen gerade erklärte, ist es nur *eine* Art, die Dinge von einer anderen Seite zu sehen. Hieran sollten wir uns aber nicht festhalten! Wir könnten ja eine neue Philosophie aufbauen, eine neue Sekte gründen oder uns eine entsprechend wissenschaftliche Forschungsaufgabe stellen, Formeln entwickeln, um an ihnen Eigenschaften von Personen zu messen.

Das wäre alles möglich. Und man könnte Apparate konstruieren, die die Seelenschwingung messen... Dann würde man z. B. auf diese Weise feststellen können, wenn ein Mensch krank ist, und wir würden ein System finden, eine Methode entwickeln, um diese Menschen zu heilen, und wir besäßen dann eine neue medizinische Wissenschaft, eine auf mehr oder weniger «esoterischer» Grundlage, mit Forschungsstätten, die sich mit der Disharmonie zwischen Seelen- und Körperschwingung befassen, und so weiter. Und wir hätten dann eine neue, eine weitere große mentale Superkonstruktion...

Aber das wäre doch interessant und...

Natürlich wäre das interessant. Aber was würde das helfen? Der Verstand rechnet und konstruiert... Das ist die Gefahr eines Schemas. Wir könnten so immer wieder neue Methoden finden – und wir hätten etwas Neues, Materielles, Konkretes geschaffen... das ist durchaus möglich.

Aber das ist nicht das Ziel, wir suchen dann ja nur wieder in der Außenwelt... Doch gerade damit müssen wir jetzt aufhören, gerade das bringt uns jetzt ja nicht mehr weiter, vor allen Dingen nicht so schnell weiter, wie das heute erforderlich ist. Alles ist doch viel einfacher...

Was sollte man tun,
um sein Mental ruhigzustellen?

Kommen wir auf die *Atmung* zurück, das *Bindeglied* zwischen unserem grobstofflichen Körper und unserer «Seele». Denn mit dem Atemrhythmus ändert der ganze stoffliche Körper seine Frequenz, und er ändert sich damit auch chemisch.

Änderung des Atemrhythmus heißt dabei, eben nicht mehr beispielsweise sechzehnmal pro Minute zu atmen, sondern vielleicht nur noch zwölfmal oder zehnmal. Man atmet dann «tiefer» und «größer».

Die Atmung des Körpers ist mit der Arbeit des Mentals verbunden. Wenn das Mental ruhiger wird, verlangsamt sich auch die Atmung. Sich weiterzuentwickeln heißt also, «größer zu atmen». Und je größer die Atmung ist, je ruhiger das Mental wird, um so weniger geschäftig wird man.

Aber zur selben Zeit ist ein größeres «Potential» da, welches einfach durch seine Anwesenheit, durch das bloße Dasein Handlungen auslöst.

Potential haben bedeutet Ausstrahlung haben. Man kann dabei schlafen – doch das Potential ist da, wirkt weiter und beeinflußt die Handlungen.

Wir können nicht «größer» atmen wollen, indem wir einfach langsamer atmen. Denn wir werden geatmet.

Wir brauchen uns nur zu entspannen – eine ruhige harmonische Umgebung, einen harmonischen Rhythmus des täglichen Lebens, etwas Stille – und die Atmung von allein geschehen lassen. Dabei neutral sein und versuchen, sich und seinen Handlungen zuzuschauen, ohne gleich die Dinge zu bewerten, ohne Angst zu haben, es richtig oder falsch zu machen.

Solange wir bestimmte Vorstellungen in uns tragen von «gut» und «böse», von «richtig» und «falsch», solange können wir nicht gelassen oder «gleich-gültig» einer Situation entgegensehen, solange können wir nicht entspannt genug sein – um uns atmen zu lassen.

Je weiter wir uns also entwickeln, um so kontinuierlicher verbinden wir uns mit einer «größeren Atmung», oder anders ausgedrückt, mit einer Dimension, in welcher geistige Wesenheiten oder geistige Kräfte wirken, die einen «größeren Atem» haben. Diesen Kräften schließen wir uns an. Diese Kräfte wirken auf die Atmung des Menschen ein – und der Körper ändert dann seine Arbeitsweise.

Wir meinen z. B., daß es unmöglich sei, nicht zu denken, das heißt ohne Verstand zu leben. Wenn wir einen Fachmann fragten, ob er sich vorstellen könne, daß ein Mensch lebt und handelt, ohne zu denken, dann würde er sagen, das ist nicht möglich. Nun, es wäre nur natürlich, wenn er sich so äußerte. Und doch ist es möglich!

Wir können leben, ohne zu denken, und wir können auf diese Weise sogar sehr gut leben!, einfacher, direkter, ruhiger – und mit einem größeren Wirkungsgrad. Wir können leben, ohne zu denken; ja, das ist möglich, das ist wahr!

Der Mensch konstruiert Flugzeuge, Autos, Maschinen, Häuser, Raketen – alles mit Hilfe seiner Intelligenz. Und der Mensch denkt, daß er der restlichen Schöpfung überlegen ist, weil er dieses Mental besitzt und weil er mit seiner Hilfe handeln kann.

Es ist für einen Menschen schwer, sich vorzustellen, daß er nicht mental zu sein braucht und daß er trotzdem schöpferisch tätig sein und neue Dinge schaffen kann, mit neuen Formen und mit neuen Wirkungsweisen. Der Mensch wird eines Tages direkt realisieren, direkt materialisieren können, was der Geist in ihm will! Ja, das wird eines Tages möglich sein! Dann wird der Mensch der wirkliche Meister der Materie sein... Das Höhere Bewußtsein übernimmt dann die Steuerung, die Funktion der Organe, die des Herzens, der Lunge, der Atmung, der Bewegung – des Gehirns. Das Göttliche Bewußtsein übernimmt die Sprache, es übernimmt die Funktion der Sinne. Alle Bewegungen, alle Gesten eines solchen Menschen werden zu Bewegungen und Gesten des Höheren Bewußtseins.

Das sei alles ferne Zukunft, meinen Sie? Nun, es gibt jetzt schon Menschen, sogar eine ganze Menge Menschen, die entsprechend interessiert sind, die bereits stärker als andere davon betroffen sind... und Menschen, die eine Antwort suchen – weil sie nicht verstehen, was schon jetzt in dieser Beziehung mit ihnen vor sich geht.

Wie arbeitet das Göttliche Bewußtsein?

Die Energiezentren oder Chakras kann man sich als eine Reihe von Knoten denken, über die die Menschen miteinander verbunden sind. So sind die Verkettungen der Karmas zu verstehen.

Das Göttliche Bewußtsein kann nun in unsere Welt des Raumes und der Zeit als Energieform eingreifen, um bestimmte karmische Probleme lösen zu helfen. Energieströme werden zu den Zentren gelenkt – was dann immer heißt: *Reinigung der Zentren*!

Dies geschieht meist schrittweise und harmonisch – alles braucht seine Zeit. Aber die einmal auf die Weise gelösten Probleme sind es dann auch endgültig.

Das Göttliche Bewußtsein handelt hierbei nach seinen eigenen Gesetzen, nach Gesetzen der absoluten Gerechtigkeit.

Es bedient sich der Zyklen, der Möglichkeit, während des «Zyklus unten» alles, was sich beim «Zyklus oben» im Aktivitätsrausch zugunsten des Egos verschoben hat, wieder in Ordnung zu bringen, wieder an seinen Platz zu stellen und neu auszurichten. Beim «Zyklus unten» fehlt die Energie... Aktivitäten laufen aus... trocknen aus... Ruhe... Man hat keine Kraft, neue Dinge anzufangen.

Dieses Schließen der Zentren ist also keine Bestrafung, sondern es ist Gerechtigkeit und Präzision. Die Zyklen sind ein durchaus produktiver Faktor einer schnellen Evolution.

Es kann nun auch passieren, daß, wenn etwas stark aus dem Gleichgewicht kommt, der nächste Zyklus nicht mehr abgewartet werden kann, da die Zeit drängt – diese Kraft wird dann sofort aktiv: Die Chakras werden sofort geschlossen. Und im allgemeinen handelt es sich dann um ein generelles Schließen, um einen kollektiven Vorgang.

Früher gab es ein- oder zweimal im Leben eines Menschen eine Situation, in der sich seine Chakras für einige Zeit schlossen. Meistens kam es dazu während eines Krieges, vielleicht einmal in jeder Generation. Aber heute geschieht dies ständig.

Aus einer bestimmten Sicht heraus können wir sagen, daß es zwei Energiearten gibt –

Die Energie unseres täglichen Lebens:
Dies sind die Kräfte, die normalerweise unser Handeln bestimmen. Diese Energien wirken in uns und durch uns, mit der Intensität und Qualität, die letztendlich durch unser Wunschleben bestimmt werden. Das heißt, unsere Antriebsenergien sind so stark und so rein wie unsere Wünsche und Begierden, unser Fühlen und Wollen.

Bis jetzt hat die Menschheit mit diesen Energien gelebt. Und alle Methoden zur geistigen Weiterentwicklung bestanden darin, das Wunschleben unter Kontrolle zu bringen, um damit das Schwingungsniveau dieses Energiepotentials zu erhöhen – oder anders ausgedrückt, um die Schwingungen der Energien zu verfeinern, die unser Fühlen, unser Denken und Handeln bestimmen. Und dann gibt es eine Energie, die hinter all dem steht und die feiner, kraftvoller und von einer Qualität ist, die so ganz anders ist als das, was wir uns vorstellen können.

Sie ist vor allem rein, und sie ist unendlich – in jeder Beziehung –, nach allem, was wir uns darunter vorstellen. Innerhalb dieser Energie gibt es wiederum verschiedene Grade zunehmender Feinheit und Reinheit der Vibrationen.

Diese Energie ist vor allem bewußt – sie ist lebendig: Denn sie *ist* ein lebendiges Geistwesen!

Die Feinheit seiner Energie, die Feinheit seiner Schwingungen, genauso wie die Quantität des Potentials, seine Kraft – seine Schöpfungskraft, seine Kreativität –, all das liegt weit jenseits unseres Vorstellungsvermögens und der Begrenztheit unseres menschlichen Lebens.

Nun besitzt der Mensch Organe, innere geistige Organe, mit denen er diese unendliche Kraft aufnehmen kann. Diese Organe sind die Energiezentren. Sie bilden die Bindeglieder zwischen beiden Welten und ermöglichen dem Menschen, diese reine, kraftvolle Energie zu empfangen.

Und nun ist folgendes wichtig: Beide Energiearten, das heißt diejenige des menschlichen Individuums und jene dieser unendlichen Wesenheit, müssen in Harmonie zueinander stehen.

Wenn dies der Fall ist, dann sind die Chakras offen, dann ist der Mensch an das große, unendliche Energiepotential angeschlossen.

In Harmonie sind beide Energiearten, wenn man «in Null» ist.

Und in Widerspruch zu der kosmischen Energie steht man, solange man selbst will und nicht offen ist für das, was diese Energie will, ob man sie nun versteht oder nicht.

Im gleichen Maße, wie die neue Energie in die Materie, das heißt in unseren Körper, eindringt, müssen wir mit unserer eigenen Willensenergie zurückgehen. Ist der «Druck» der neuen Energie stärker als der Abbau der alten, entsteht Disharmonie – oder mit anderen Worten: Leid! Die Chakras schließen sich. Und nun verliert der Mensch sehr rasch seinen Vorrat an dieser feinen, reinen Energie. Dabei bemerkt er dies nicht! Denn der Mensch besitzt nicht die Fähigkeit, er verfügt nicht – bzw. noch nicht – über die Instrumente, um das Potential dieser Energien spüren oder gar steuern zu können. Er funktioniert wieder mit seiner eigenen, alten Energie.

Und da diese Energie nicht rein ist, tritt nun all das verstärkt aus ihm heraus, was unvollkommen ist. Er lebt und funktioniert dann also nur mit den Energien, die er selbst produziert. Er wird allein von ihnen motiviert, und er denkt und handelt allein mit ihnen.

Er macht folglich alle denkbaren Fehler. Ihm fehlen ja all die Informationen – die Intuitionen –, die sonst, bei offenen Chakras, unbewußt ständig in ihn einfließen und ausgleichend wirken. Jetzt, ohne diese Hilfen, ist er ganz auf sich allein angewiesen.

Empfindet er also unter normalen Umständen eine Abneigung gegenüber einer Person, jetzt, bei geschlossenen Energiezentren, vervielfältigt sich diese Abneigung bis hin zu blankem Haß – mit allen seinen Folgen. Genauso geht es mit seinen anderen Eigenheiten, z. B. mit seiner festgefahrenen Meinung. Bei geschlossenen Chakras fehlt ihm jetzt jede Korrekturmöglichkeit; seine feststehende Mentalkonstruktion ist das einzige, was aktiv werden kann, und – läßt ihn Fehler machen, läßt ihn gegen eine Mauer laufen.

Und da er nicht weiß, was mit ihm geschieht, sagt er, es sind die anderen. Es sind dann immer die anderen.

Unser Mental findet alle möglichen Gründe und Rechtfertigungen – nur eines entdeckt es nicht: die Tatsache, daß der alleinige Grund für die aufgekommenen Schwierigkeiten in uns selbst liegt, daß es nicht die «böse» Außenwelt ist, daß vielmehr allein wir selbst es sind. Wir selbst befinden uns in demselben Schwingungsbereich wie die Schwierigkeiten. Würden wir hierfür nicht resonanzfähig sein, würde uns dies nichts angehen, dann würden wir mit diesen Schwierigkeiten nie konfrontiert.

In dem Augenblick, in dem wir Problemen begegnen, in dem wir unter bestimmten Situationen leiden oder auch uns über Dinge ärgern, können wir *in uns* auf die Suche gehen nach dem dazugehörigen Ego.

Und wie können wir vermeiden, daß sich unsere Chakras schließen, bzw. was können wir tun, damit sie sich wieder öffnen?

Nun, zuerst sollten wir feststellen, daß die Zeiten, während derer wir von der anderen Energie abgeschnitten sind, durchaus auch ihre positiven Seiten haben: Unsere Schwächen treten dann zwar zehnfach, zwanzigfach verstärkt hervor, aber deshalb werden wir uns ihrer auch leichter bewußt.

Allein schon die Rückwirkungen der Umwelt auf unsere Unvollkommenheiten zwingen uns, uns mit unseren Unvollkommenheiten auseinanderzusetzen. So sehen wir unsere Schwächen wie durch ein Vergrößerungsglas – wenn auch oft erst aus der Rückschau…

Das Schließen der Energiezentren kann u. U. sogar von dieser Kraft verursacht werden, indem sie stärker einströmt, als der jeweilige dies harmonisch verträgt – gerade aus dem Grund der schnelleren Bewußtwerdung. Die Verantwortung für ein optimales Ergebnis liegt dann nicht bei uns. Aber dies ist nicht die Norm, dies sind Hilfestellungen von der anderen Seite, und alles läuft unter ihrer Kontrolle ab.

Wenn sich das Ego starrsinnig behauptet und die Zentren zu lange geschlossen bleiben, dann kann man ernstlich krank werden. Krankheit ist das äußere Zeichen einer inneren Disharmonie, wie auch Krieg das äußere Zeichen einer kollektiven Disharmonie, einer kollektiven Chakraschließung ist.

Der beste Schutz ist, den inneren Impulsen zu folgen, in Übereinstimmung mit seinem eigenen Inneren zu sein, dann sind Ihre Energiezentren offen. Wenn Sie aber versuchen, in Übereinstimmung mit den anderen zu sein – das geht nicht, das kann gar nicht gehen, dann müssen sich ja Ihre Chakras schließen! Ihre Chakras schließen sich dann, wenn Ihre Seele nicht damit einverstanden ist, was Ihr Körper tut.

Es gibt nun zwei Möglichkeiten, um in harmonischer Verbindung zwischen dem inneren und dem äußeren Ich zu sein.

Entweder kommt das Innere zu uns – das geht, wenn wir neutral und empfangsbereit sind. In diesem Fall übernimmt es unsere Gedanken, unsere Bewegungen… Oder wir – unser äußeres Ich mit unserem Ego – gehen auf die Suche nach unserem Inneren. Das tun wir z. B., wenn wir meditieren.

Beide Möglichkeiten sind gegeben.

Doch das Innere, angeschlossen an das Höhere Bewußtsein ist kraftvoll – warum sollten wir es also nicht ihm überlassen, uns zu kontaktieren?! Wir können lernen, uns in eine Haltung der Bereitschaft, der Offenheit, der Neutralität zu versetzen. Wir können so unter Umständen viele unnötige Umwege vermeiden.

Wenn wir immer wieder bemüht sind, uns selbst erkennen zu wollen, uns zu beobachten, *was* wir *wie* tun – wenn wir uns um uns selbst kümmern und andere weder beurteilen, geschweige verurteilen – wenn wir Schuld niemals nach außen projizieren, sondern auf die Suche nach innen gehen –, dann können wir jeden Tag etwas mehr lernen, uns zu zentrieren, unser eigenes Zentrum, unser Inneres spüren zu lernen, um es dann in jegliche Handlung mit einzubeziehen. Oder richtiger gesagt: um den Impuls einer Handlung vom Zentrum her zu spüren *und* zu realisieren. Dazu brauchen wir ein weiches, durchlässiges Mental, denn die Energie, die wir sonst benötigen, wenn wir nach draußen fixiert sind, fehlt dem Potential unseres Inneren.

Als erstes konkretes Instrument des Körpers zwischen den immer feiner werdenden Schwingungen, die durch die Chakras einströmen, und der gröberen Materie steht das Nervensystem. Die Nerven müssen immer sensibler werden, um die hochenergetischen Schwingungen verarbeiten zu können – sie werden hypersensibel. Und zwangsläufig sind sie damit das Glied in der Kette, das am stärksten belastet wird, weswegen ihr Schutz heutzutage äußerst wichtig ist.

Das Nervensystem steht in direkter Verbindung mit den gröberen Organen, die auf Grund der zellulären Trägheit der Materie, auf Grund der Masse, naturgemäß die größten Widerstände entgegensetzen. Jede Zelle beinhaltet doch die Information des gesamten Egos einer Person. Und wenn die neuen Energien nicht harmonisch in den Körper einfließen können, dann entsteht Disharmonie im Energiefluß, bis die Zentren sich schließen.

Die Epoche, in der wir heute leben, bezeichnet man immer öfter als die Epoche der Depressionen. Was ist die Depression anderes als das Phänomen des Schließens der Energiezentren?!

Und was wird dagegen getan? Man versucht unter anderem den Depressionen mit chemischen Mitteln beizukommen. Fast immer verwendet man Säurederivate. Diese Mittel aktivieren die Elektronen und noch feinere Substanzen bis hin zum Nervensystem – und erreichen damit eine kurzfristige künstliche Öffnung der Energiezentren. Genauso wirken säurehaltige Drogen. Auch diese Drogen öffnen vorübergehend die Chakras. Aber sie sind eben künstliche Mittel.

Letztendlich ist also eine Öffnung der Energiezentren nur über eine Wiederherstellung der Harmonie zu erreichen. Und wie läßt sich die Harmonie herstellen? Immer auf die gleiche Weise: entspannen, loslassen, mental nicht fixiert sein, «weich», offen sein – «in Null» sein!

Die Möglichkeiten, die im Menschen schlummern, sind unvorstellbar groß. Der Mensch verfügt über so gewaltige Energien, mit denen er nur noch nicht umgehen kann. Er ist eben noch nicht offen, er ist noch nicht fertig.

*Und was geschieht, wenn die Verbindung
zustande kommt?
Wie macht sich das bemerkbar?*

Nun, das ist individuell verschieden... der eine sieht Lichter und ist verzückt, er hat etwas Wunderbares gesehen... ein anderer wieder hat andere Erlebnisse.

Bei jedem ist es anders. Und es hat nicht viel Zweck, die verschiedenen Erfahrungen zu vergleichen. Es bestünde die Gefahr, ähnliche Erfahrungen wie ein anderer machen zu wollen und sich mental so zu fixieren, daß das Gegenteil erreicht würde.

Ziel ist immer, daß eines Tages unser Inneres unsere Gedanken, unsere Worte und sogar unsere Bewegungen übernimmt. Wir tun dann plötzlich etwas, ohne daß unser Mental es beabsichtigt hat. Wir sind überrascht, erschrocken. Es geschieht irgendwo und irgendwann... Und dann sind wir nur noch eins..., im Verlauf der kleinen und alltäglichen Gesten und Handlungen... beim Aufräumen des Zimmers oder am Schreibtisch... morgens oder abends, wann immer... dann geschieht es; plötzlich fühlt man etwas in sich... Da hat man dann seine Hindernisse überwunden und den direkten Kontakt hergestellt mit dem Göttlichen Bewußtsein.

Man spürt dann plötzlich, wie... wie man nicht mehr selbst etwas getan hat, sondern wie bei irgendeiner kleinen, unwichtigen Handbewegung, bei einem Handgriff etwas anderes in uns aktiv wird, durch uns hindurch. Das ist dann gar nicht mehr man selbst, den man gewohnt ist, der handelt... etwas anderes ist es in uns, aus uns heraus... In den kleinen täglichen Bewegungen müssen wir sensibel werden – nicht zwei Stunden täglich meditieren!

Darauf kommt es nicht an, ganz und gar nicht, nicht mehr! Natürlich können wir meditieren – aber die neue Energie will handeln – jeder an seinem Platz, jeder bei seiner täglichen Arbeit, in der Werkstatt, im Büro, im Auto, in der Küche... überall dort, wo wir uns gerade befinden.

Wir müssen einfach intuitiver sein, an unserem Platz – und dabei unser Leben leben. Und alles geschieht dann von selbst.

Dabei macht sich diese «Begegnung» bei jedem Menschen anders bemerkbar. Es gibt keine zwei Personen, die einander gleich sind. Jeder hat eine andere Seelenschwingung, ein anderes individuelles Karma, ein anderes Ego.

Doch das Innere – mit dem Höheren Bewußtsein – verbindet alle.

Je mehr die Macht des Egos schwindet, um so weniger wichtig fühlt sich der Mensch, aber um so mehr Kraft bekommt er auch – weil das Innere, sein Zentrum, mehr Kraft bekommt. Aber es ist dies eine andere Kraft, eine mit anderen Gesetzen, mit anderen Werten... eine Kraft, die anders funktioniert. Doch es ist eine reelle Kraft!

Und im gleichen Maße, wie der Mensch sich immer geringer fühlt, sich immer weniger wichtig nimmt – in dem Maße nimmt die andere Kraft in ihm zu, wird sie stärker und stärker...

Sobald uns das gelungen ist, bekommen wir richtige Antworten. Dann führen wir die Handlungen dieser anderen Energie aus: Öffnung – Mitteilung – Handlung... und immer mehr und immer noch ein kleines bißchen mehr. Das Göttliche Bewußtsein ist immer bereit... immer... hundertprozentig... denn Zeit zählt bei ihm nicht... Man braucht sich nur zu öffnen... ganz einfach zu öffnen...

Alles andere ist viel zu kompliziert... alles andere sind nur einzelne Stufen. Über die Stufen «Techniken», «Meditation», «Yoga» führt ein Weg – ein komplizierter

Weg. Doch es gibt auch den direkten, den einfachen Weg. Das ist der natürliche Weg – und er ist in jedem Fall viel wirksamer. Er geht schneller, er bringt mehr!

Wenn wir uns immer sagen: Gut, es gibt also noch einen anderen in mir, den kann ich fragen, was ich tun soll, dann bringen wir uns ganz von selbst in den richtigen Zustand der Empfangsbereitschaft, des Offenseins. Hier finden wir Antworten auf unsere Fragen.

Dieser Weg entspricht den alten Traditionen, dem, was Christus sagt, was in der Bhagawadgita steht, er entspricht den Gesetzen des Göttlichen Bewußtseins. Und niemand sagt uns dabei: Sie müssen alles verlassen, oder sagt: Sie müssen zehn Stunden täglich meditieren, oder verlangt, Sie müssen dieses oder jenes. Nein! Das ist heute alles nicht mehr erforderlich. Bleiben Sie dort, wo Sie sind, bleiben Sie an Ihrem Platz; aber bleiben Sie dabei neutral, horchen Sie wachsam nach innen, bleiben Sie intuitiv – und leben Sie Ihr Leben!

So ist es einfach und klar. Und, vor allem, so schafft es keinerlei äußere Unruhe – es gibt ja schon genug davon. Es stört niemanden, alles bleibt im Gleichgewicht. Nichts ändert sich außen – und jeder kann es tun!

Das Göttliche Bewußtsein, diese kosmische Kraft, paßt sich dem Leben an, so wie es ist; es paßt sich den Menschen an, so wie sie sind. Der Mensch kann dort bleiben, wo er ist, er braucht nur bereit zu sein...

Berührt die geistige Evolution nur Menschen, die sich dafür interessieren?

Aber wo denken Sie hin? Hier handelt es sich um einen generellen Prozeß, der nicht nur einige wenige Menschen angeht, der vielmehr Millionen von Menschen erfaßt.

Die Erde als Ganzes, die Materie überhaupt macht diese Entwicklungsphase durch.

Es ist eine neue Energieart. Alte Gesetze werden hinfällig, und neue müssen beachtet werden. Alle sind davon betroffen!

Man kann nicht einfach beiseite treten und sagen: Das geht mich nichts an. Auch wer sich dagegen wehrt, wird mitgerissen. Denn niemand kann sich den Kräften des Zeitgeistes entgegenstellen.

Wir sehen nur die äußeren Auswirkungen, die Unruhen und Unsicherheiten, aber hier geht es nicht um einen äußeren Prozeß. Alles findet in unserem Innern statt, dort liegt der Ursprung – und das Äußere folgt ihm.

Nur, die Entwicklung im Innern geht meist unbewußt vor sich, weil alles viel zu schnell geht, als daß unser Mental folgen könnte. Die Funktion unseres Mentals ist an die Vergangenheit gebunden, denn sie arbeitet mit den Elementen der Vergangenheit und projiziert diese in die Zukunft. Die Funktion unseres Mentals ist auch physiologisch bedingt und kann sich darum nicht so rasch verändern, wie dies heute erforderlich wäre. Und so können wir nicht alles verstehen, was vor sich geht.

Wo das Mental uns nicht weiterhelfen kann, müssen wir es überspringen... so, wie es die Kinder tun.

Natürlich ist es gut, die neuen Gesetze zu kennen, nach denen unsere Entwicklung und unser zukünftiges Dasein ablaufen werden. Dabei geht es um das Wissen über die

Energiezentren der Menschen und über das Ego, über die Zyklen und über diese kraftvollen Energien.

Sie wirken «hinter» dem Schicksal der Menschheit, sie durchdringen die Menschen und arbeiten daran, daß sie ihrem bisherigen Schicksal entweichen und teilhaben können am Wirken einer größeren Dimension – damit sie endlich in eine neue Gesetzmäßigkeit eintreten können.

Dort, jenseits unserer vertrauten Welt, sind Kräfte am Werk und bahnen große Entwicklungen an, die alles in den Schatten stellen werden, was bisher war. Es werden dort Veränderungen vorbereitet, die unser Vorstellungs-vermögen überfordern.

Der Prozeß ist im Gange – es handelt sich um eine permanente Revolution. Es ist nicht übertrieben, wenn ich in diesem Zusammenhang von «Dynamit» spreche!

Warum wir heute inmitten einer so kritischen Phase der Menschheitsentwicklung stehen?

Die spirituelle Entwicklung der Menschheit hat einen Tiefpunkt überschritten. Die Menschen sind zwar immer mehr gestaltend in die Materie eingedrungen und haben ihren Verstand, ihr Mental, weiterentwickelt, die spirituelle Entwicklung aber ist zurückgeblieben.

Seit wenigen Jahrzehnten verläuft die Entwicklung umgekehrt. Und diese Umkehrung ist durchaus nicht etwas, was immer wieder passiert, sondern sie ist das Phänomen unserer heutigen Zeit.

Der Mensch hat sich aus anderen Dimensionen heraus entwickelt. Deswegen ist es für ihn so schwer, sich hier spirituell zu entfalten. Er atmet heute Sauerstoff, und er nimmt andere chemische Stoffe auf, die charakteristisch für diese Erde sind. Diesen chemischen Verbindungen entzieht er die Energien, die er braucht, um seinen Körper zu erhalten.

Aber das Atmen von Sauerstoff ist eine Anpassung des Menschen an die Bedingungen dieses Planeten. Eigentlich sollte der Mensch die Energie, die er zum Funktionieren seines Körpers braucht, direkt aufnehmen und nicht den Umweg über unsere Luft gehen müssen.

Und es ist auch verständlich, daß die Energien, die auf unsere jetzige Weise gewonnen werden, nicht die gleiche Wirkung haben, als wenn sie direkt dem Kosmos entnommen würden.

Was spielt sich nun in unserer Zeit jetzt ab?

Die Erde wird von einem Prozeß erfaßt, der gleichzeitig

esoterischer und chemischer Natur ist. Es wirken heute Energien, Vibrationen auf die Erde ein, die die Chemie des Körpers, seine Festigkeit und seinen Stoffwechsel verändern werden.

Ebenso bewirken diese Vibrationen, daß sich das Nervensystem ändert und der Mensch dadurch zunehmend empfindsamer und empfangsbereiter für diese neuen Energien wird.

Eines Tages wird er dann nicht mehr die irdischen Elemente brauchen, um sich zu ernähren und Energie aus ihnen zu ziehen. Der Mensch wird dann zu einem Wesen werden, das seine Energie aus einer anderen Dimension direkt erhält.

Und man soll sich vorstellen – aber wie kann man sich das heute vorstellen? –, daß der Mensch dann in mehreren Welten zugleich lebt, daß er in dieser Welt hier genauso lebt wie in einer anderen Welt.

Nicht nur der Mensch – die ganze Materie wird davon betroffen sein!

Allerdings wäre eine zu schnelle Entwicklung nicht gut, denn sie wäre mit Leid verbunden. So kann eine zu schnelle Entwicklung eine irdische Katastrophe herbeiführen.

Und was verstehe ich unter einer irdischen Katastrophe?

Eine Situation, in der die Materie, die Erde selbst leiden muß…

Der Mensch besitzt so außerordentliche Möglichkeiten! Aber derzeit befindet er sich in einem Zustand, der ihm nicht angemessen ist, er befindet sich in einem noch primitiven Zustand. Gleichzeitig hat er aber Macht hier auf der Erde – das ist das Paradoxe.

Trotz seines noch unterentwickelten Zustandes hat er seine Hand an die Materie gelegt, steht er im Begriff, die Materie zu zerstören.

Das ist der kritische Augenblick.

Und das ist genau der Grund, weshalb Kräfte von außerhalb unserer Dimension jetzt auf diese Erde, auf die Materie und auf den materiellen Körper einwirken und alles imprägnieren, alles durchdringen mit neuen Vibrationen.

Nur ist der Mensch noch nicht bereit, diese neuen Energien aufzunehmen. Er muß entsprechend vorbereitet werden. Er bedarf einer, fast möchte ich sagen, okkulten Vorbereitung. Auf jeden Fall sind einschneidende, wichtige, tiefschürfende Vorbereitungen nötig, und es ist durchaus noch offen, innerhalb welcher Zeit sich diese abspielen.

Es steht noch nicht einmal fest, ob diesen Kräften die Durchdringung der materiellen Körper überhaupt gelingen wird – ob die Zeit dazu ausreicht, denn es gibt die irdische Zeit, der Rechnung getragen werden muß... Es geht um eine andere Welt, die in diese Welt eindringt, es geht um das Kommen einer anderen Welt, einer Welt mit anderen Energien, mit anderen Abläufen, anderen Wissenschaften – Wissenschaften, die mit unseren derzeitigen nicht viel zu tun haben. Unsere heutigen Wissenschaften sind ein Nichts dagegen...

Es geht um eine neue Welt in dieser Welt, es geht um eine chemische Veränderung des menschlichen Körpers!

Und im gleichen Maße, wie das passiert, wird das eigene Wollen des Menschen schwächer und schwächer. Unsere Handlungen werden aber im gleichen Maße wahrhafter – wahrhafter in Relation zu unserem eigenen Inneren!

Und ist es nicht interessant zu wissen, daß von dieser Durchdringung alle Menschen betroffen sind? Ob ein Mensch «ja» oder «nein» sagt, oder ob er sagt «ich bin aber Atheist» oder «ich bin Kommunist» oder «ich bin Kapitalist», ob er sagt «ich bin reich und mächtig» oder «ich bin klein» – alle sind davon betroffen.

Das ist auch gar nicht anders möglich, denn alle atmen Luft – dieselbe Luft! Und diese Luft ist es eben, die sich ändern und mehr und mehr eine andere Chemie beinhalten wird.

Und doch gibt es derzeit Orte auf der Erde, an denen dieser neue Prozeß schwächer wirkt, und solche, an denen er stärker wirkt... Immer aber handelt es sich bei ihm um ein Geschehen, welches kollektiv wirkt, das heißt, das auf alle Menschen übergreift, die an den jeweiligen Orten leben.

Die Transformation der Materie schreitet im gleichen Maß voran, wie Seele und Körper zu einer Einheit zusammenwachsen, oder anders gesagt, im gleichen Maß, wie die hochfrequenten Energien sich in die Materie integrieren.

Seit Tausenden von Jahren versucht der Mensch mit Hilfe religiöser Systeme seine Seele zu erhellen. Er betet und meditiert, er glaubt an andere Welten, die sich ihm öffnen, und er versucht seinem irdischen Schicksal zu entfliehen – von der Erde in den «Himmel».

Aber all das reichte nicht aus, um die Menschheit wirklich weiterzubringen, und heute steht sie vor einer Mauer.

Und nun kommt eine andere Dimension, eine andere Kraft auf die Erde und versucht hier Fuß zu fassen. Dieses Herabsteigen ist heute möglich, nachdem es von einigen Menschen auf der Erde vorher vorbereitet wurde.

Heute sind diese neuen Energien bei vielen Millionen von Menschen aktiv, auch direkt aktiv auf allen Existenzebenen. Sie wirken durch alle Pläne hindurch – bis hin auf das Niveau der Materie, bis daß sie diese Materie verwandeln können.

Darum ist das Handeln so wichtig, darum ist es so wichtig, daß wir in der Materie wirken und mit ihr realisieren und in ihr konkretisieren!

Sicher werden uns immer wieder auch Zweifel kommen, aber auch Vertrauen – beides bedingt einander – und ist konstruktiv! Der konstruktive Zweifel ist notwendig. Aber das erfahren wir nur, wenn wir in die Praxis gehen und experimentieren.

Experimentieren – und keine Angst haben – realisieren,

fühlen, mehr sehen, «dahintersehen»! Das ist das, was jeder tun kann... Und keine Angst haben! Wir sind inmitten eines der größten Abenteuer der Menschheit!

Und wer sich nicht in voller Harmonie mit diesen Bewegungen und Absichten befindet – der geht in die falsche Richtung...

Um Hindernisse überwinden zu können, muß man sie leben, erleben, durchleben, damit man das erforderliche Wissen, die erforderliche Erfahrung bekommt und entsprechende Widerstandskräfte entwickeln kann, um mit den Hindernissen fertig werden zu können, mit dem Mental, mit dem Stolz, den Vorstellungen, dem Sentimentalen, den Emotionen usw... Das klingt alles recht interessant, doch unser Mental idealisiert: Es sieht eine wundervolle Entwicklung vor sich. Die Entwicklung wird ganz und gar nicht nur angenehm sein! Zuerst kommt nämlich die Zerstörung unserer alten Persönlichkeit.

Und die verläuft nicht einfach, da jetzt erst einmal alles aufgegeben werden muß, an das wir uns gewöhnt haben und das bisher Bestandteil unseres Lebens war. Es geht ja um die Vernichtung unseres Egos. Nun wird uns etwas weggenommen, was wir bisher als Teil von uns selbst gesehen haben, was uns bisher lieb und wert war – und das tut weh!

Aber das ist das Gesetz aller Zeiten: Es gibt keine Konstruktion ohne vorherige Destruktion.

*Sie sprechen von verschiedenen Welten
im Zusammenhang mit den Chakras.
Wie ist das zu verstehen?*

Der Mensch hat auf jeder dieser Ebenen, in jeder dieser Welten, einen Körper. Er hat sieben verschiedene Körper. Diese sieben Körper korrespondieren mit den sieben Energiezentren.

Das niedrigste, das Sexualzentrum, ist das Chakra der physischen Ebene. Und unter dieser ersten Chakraebene gibt es noch etwas anderes... Es ist etwas Dunkles, Schwarzes... Es ist Materie schlechthin. Es ist das Allerdunkelste, was möglich ist, die dickste, härteste, zäheste Materie... sie ist hart, schwarz, schrecklich, aber sie existiert. Und die Transformation findet bis hierher statt! Und das hat es bisher noch nicht gegeben.

Am anderen Ende ist das Licht – und dazwischen liegen die Chakras, die Ebenen des Verstandes, des Herzens und so weiter.

Wenn sich der Mensch bisher entwickeln, zum Licht hinaufsteigen wollte, dann stieg sein Mental nach oben. Sein Mental vereinigte sich dann mit dem Licht, und er sah Lichter, hatte Eindrücke und bekam auch Informationen. Und wenn er dazu die Erlaubnis bekam, durfte er dieses Wissen weitergeben beziehungsweise in die Tat umsetzen: So wurden Religionen gegründet. Doch nun kommt unsere Entwicklung an einem Punkt an, wo das nicht mehr genügt.

Sie fragten, was da sei zwischen dem Licht und dem Schwarzen? Es sind dort verschiedene Ebenen, Existenzebenen, wenn Sie so wollen. Man kann sich diese Welten aber auch eine in der anderen vorstellen, so wie eine Kugel in der anderen. Alles durchdringt sich. Und jetzt kommt das Licht, die Energie der Transformation – und verhindert, daß sich die Ebenen voneinander trennen, daß sich z. B. die Seele zeitweilig vom Körper löst und nach oben steigt: Das Licht durchdringt alle diese sieben Daseinsebenen!

Was heißt das, Daseinsebenen? Ein Schema zwingt uns, Vorstellungen zu entwickeln, die letztendlich immer falsch sind und sich immer widersprechen – deswegen sprechen wir ja von einem Paradoxon –, die sich aber doch der Wahrheit dahinter nähern.

Was heißt z. B. sieben Ebenen? Sie existieren, und sie existieren nicht. In einer bestimmten Welt, in einem bestimmten Plan, einer bestimmten Betrachtungsweise existieren sie – und auf einem anderen Plan existieren sie nicht. Aber genauso ist es letztendlich mit den Energiezentren: Einerseits existieren sie – andererseits gibt es sie nicht. Und beides stimmt: Je nachdem, von wo aus wir es betrachten. Sie existieren auf der Ebene, auf der sie eine Funktion erfüllen. Je mehr man eins wird mit allem, um so mehr lösen sie sich auf.

Aber bleiben wir dabei: Der Mensch sollte etwas von seinem spirituellen Körper wissen, und er sollte wissen, daß sein spiritueller Körper aus sieben Existenzebenen besteht, oder besser aus sieben Energiearten.

Und bevor nun diese neue Energie, die Kraft der Transformation, im Körper Fuß fassen kann, muß eine andere Kraft, die Kraft, die das Ego vernichtet, die *Kundalini-Kraft*, den Körper gereinigt haben.

Die Kundalini ist eine Kraft, die im Menschen selbst verborgen ist. Im geistigen Körper des Menschen, in der Wirbelsäule, gibt es einen Kanal, in dem die Kundalini vom untersten zum obersten Zentrum steigen kann. Im Moment genügt es, von der Kundalini-Kraft zu wissen, daß sie zerstörend wirkt. Sie ist eine sehr starke Kraft, und sie darf daher beim derzeitigen Entwicklungsstand des

Abbildung C: Kundalini und Transformation

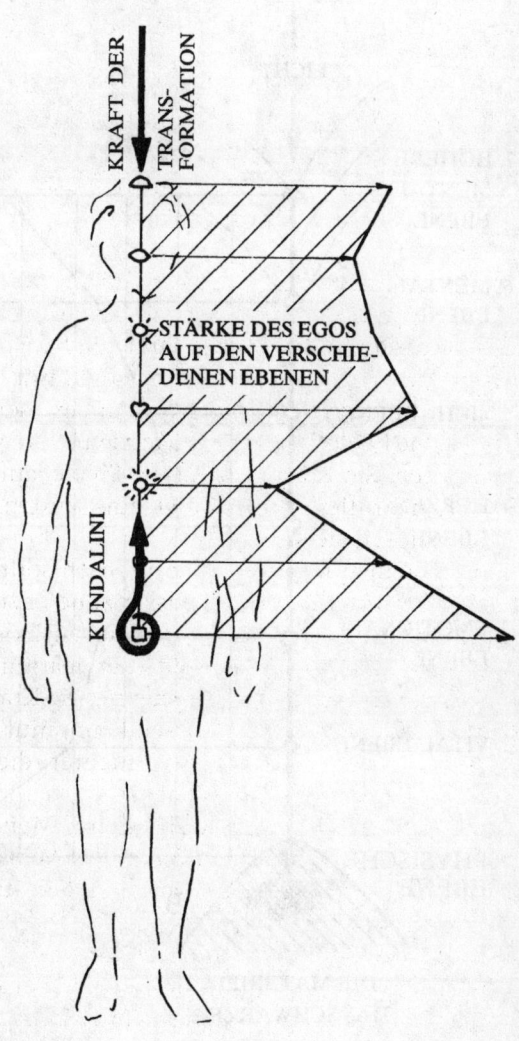

Abbildung D:
...Der Mensch lebt auf mehreren Ebenen gleichzeitig...

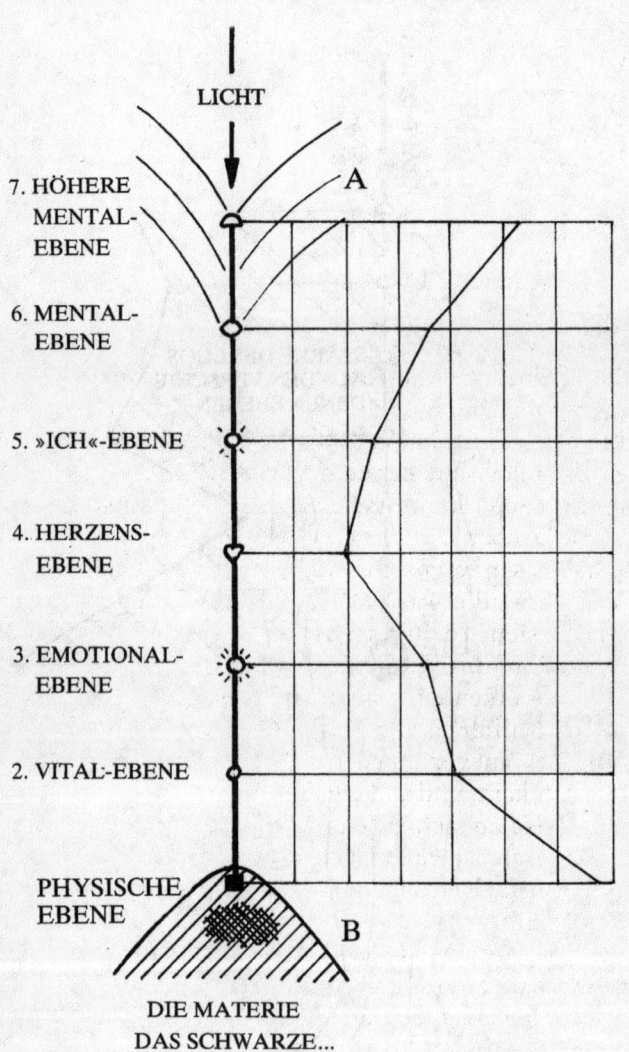

LICHT

7. HÖHERE MENTAL-EBENE

A

6. MENTAL-EBENE

5. »ICH«-EBENE

4. HERZENS-EBENE

3. EMOTIONAL-EBENE

2. VITAL-EBENE

PHYSISCHE EBENE

B

DIE MATERIE
DAS SCHWARZE...

Menschen kollektiv nur sehr zart tätig werden. Sie reinigt die Energiezentren. Sie zerstört das Ego. Aber das Ego setzt dieser Kraft Widerstand entgegen und deswegen wird immer wieder vor der zu frühzeitigen Erweckung dieser Kraft gewarnt.

Wird nämlich der Widerstand unseres Egos gegenüber der Kundalini-Kraft zu stark, müssen wir leiden. Und wenn die Kundalini-Kraft steigen würde zu einer Zeit, zu der das Ego sehr stark ist, dann könnte das sehr gefährlich werden...

Deswegen kann unsere kollektive Entwicklung nur Schritt für Schritt erfolgen. Und das Steigen der Kundalini- und das Sinken der Transformations-Energie kann nur in Zyklen geschehen.

Beim «Zyklus unten» befinden wir uns in einer Phase der Destruktion der Persönlichkeit, der Destruktion des Individuums. Und hierbei handelt es sich dann um eine wirkliche Destruktion, die sich bis in physische, chemische, physiologische Bereiche erstreckt.

Anschließend kommt die Phase der Rekonstruktion im «Zyklus oben».

Beide Phasen wechseln immer wieder ab. Und Zyklus für Zyklus wird etwas Neues geschaffen, und jedesmal vergrößert sich in dem betreffenden Menschen das Potential – das Potential der neuen Energie.

Ob wir es erkennen können oder nicht: Millionen und Hunderte Millionen von Menschen sind von diesen Zyklen erfaßt – auf verschiedenen Niveaus. Und der einzelne Mensch kann und soll die Zyklen erspüren und deren Arbeitsweise an sich erkennen. Und nicht nur der einzelne Mensch ist davon betroffen. Demselben Gesetz unterliegen auch Gruppen, Firmen, Organisationen oder politische Einrichtungen.

Wir haben gehört, daß wir auch bei Verfeinerung der Seelenschwingung neues Ego aufbauen, aber auch schneller wieder abbauen, daß die neuen Interessen und Wünsche weicher sind.

Wenn wir jetzt das Wissen um die Kundalini-Kraft in die Erklärung mit einbeziehen, werden wir besser verstehen, warum ein neues Ego schneller abgebaut werden kann, sobald wir einmal «in Null» waren.

In dem Moment, als wir zum erstenmal «in Null» waren, hatte die Kundalini-Kraft auch das erste Mal die Möglichkeit, ganz zart durch alle Chakras hindurch von unten nach oben zu steigen, um die Energiezentren zu reinigen.

Wenn nun neue Wünsche hinzukommen, können diese von der Kundalini-Kraft beim nächsten Emporsteigen leichter ausgelöscht werden. Und bei jedem neuen Aufsteigen wird der Kanal freier und breiter. Und die kosmische Energie kann unverfälschter in den Körper strömen.

Und dann kommt die Frage,
die wichtige Frage, die letzte Frage:
«Was bin ich? Wer bin ich?»

Wie viele stellen sich die gleiche Frage. Es geht ja für jeden einzelnen um ein Abenteuer, um ein individuelles und ein kollektives Abenteuer. Und jeder, der sich ernsthaft um eine Antwort bemüht, wird von innen heraus *seine* Antwort bekommen.

Äußerlich sind wir getrennt, doch innerlich sind wir miteinander verbunden... Und das ist die Schwierigkeit. Wir sind uns äußerlich nicht bewußt, daß wir inwendig ein Teil eines Ganzen sind, ein Teil desselben Körpers, desselben Wesens... des «Großen Menschen»!

Die Menschheit steht nicht das erste Mal vor einer solchen zwingenden Situation: Immer wieder, in Abständen von einigen tausend Jahren, erfolgen gewisse Eingriffe von außerhalb unserer Welt, von einer anderen Daseinsebene, um einen neuen «Impuls» zu geben oder um etwas in Ordnung zu bringen, was sich sonst zu stark verschieben würde.

Auch vor 2000 Jahren erfolgte ein solcher Eingriff. Damals ist diese Kraft von außerhalb heruntergekommen bis auf die Ebene des Herzens. Die Kraft hat auf der Ebene des Herzens gewirkt. Sie stellte sich dar im «Prinzip der Nächstenliebe» – im «Christus-Prinzip».

Heute ist das Ziel die Überführung der Materie in einen anderen Schwingungszustand. Es ist eine Entwicklung, die es bisher auf dieser Erde noch nicht gegeben hat... das bewirkt ein immenses Aus-dem-Gleichgewicht-Geraten von Kräften, weil der Mensch noch nicht in Harmonie mit diesem neuen Kraftpotential ist. Aber er wird gezwungen, sich zu entscheiden, denn eine neue Erde hat dann kein «Baumaterial» mehr für einen Körper, der nach gestrigen Gesetzen funktioniert. Wenn wir uns nicht anpassen können, beginnen sich alle Chakras immer mehr zu schließen. Und die ganze Sammlung an menschlichen Schwächen und Unfertigkeiten, sie drängt nach draußen: der Stolz, das Mental, die Emotionen, die Affekte, alles...

Die Menschheit auf dem Planeten Erde stellt heute eine Gefahr dar – und nicht nur für sich selbst. Sie stellt eine kosmische Gefahr dar, so wie dies schon früher, in früheren Entwicklungsstufen, der Fall gewesen ist. Und damals hat sie bereits traurige Erfahrungen machen müssen.

Wenn man die Menschen allein weitermachen ließe, würden sie sich immer weiter auf diesen Punkt des kollektiven und völligen Geschlossenseins aller Energiezentren zubewegen... Sie alleine fänden dann ohne Hilfe nicht mehr heraus.

Aber soweit wird es nicht kommen! Weil diesem kollektiven Selbstmord am Ende doch etwas anderes zuvorkommen wird...

Wenn sich bei einem Individuum die Chakras schließen, wirkt sich das ohne Zweifel auch auf seine Umgebung aus. Schließen sich die Chakras eines Menschen, der innerhalb einer geschlossenen kleineren Gruppe lebt, dann werden sich höchstwahrscheinlich auch bei den anderen Gruppenmitgliedern die Chakras schließen.

Ist aber die Gruppe groß und in gewisser Beziehung auch stabil genug, dann kann sich innerhalb der Gruppe ein Ausgleich ergeben. Schließen sich dann bei der einen Hälfte die Chakras, öffnen sie sich bei der anderen – und umgekehrt. Es bleibt also Gleichgewicht erhalten. Wo das eine steigt, fällt das andere.

Der eine bekommt etwas, der andere muß dafür bezahlen. Es gibt keine andere Möglichkeit der beschleunigten Entwicklung!

Genauso muß die Erde als ein geschlossenes System gesehen werden: Geht irgendwo auf ihr etwas «nach oben», dann muß auf der anderen Seite etwas «nach unten» gehen. Der eine Teil der Menschheit ist im «Zyklus oben», der andere muß dann die Balance halten und befindet sich im «Zyklus unten». Wenn also auf der einen Seite die Chakras sich zu schließen beginnen, dann bedeutet das auf der anderen Seite die Möglichkeit zu einer Öffnung.

Zum anderen aber genügt es nicht, wenn bei einem Teil der Menschheit die Energiezentren stärker geschlossen werden, um dem anderen Teil eine Öffnung zu erlauben. Das einzig andere Mittel zu einer außergewöhnlich schnellen Evolution der irdischen Menschheit besteht darin, daß einige Menschen hier auf der Erde das Gleichgewicht halten, um anderen die Möglichkeit zu einer Öffnung zu geben.

Und wie geschieht dies? Nun, indem jene Menschen das Leid der anderen übernehmen, indem sie das Karma der anderen übernehmen.

Mittels für uns unvorstellbarer, nicht irdischer Zusammenhänge können einige Menschen das Karma der anderen übernehmen. Das ist der tiefere Sinn des Mitleidens. Sie nehmen den anderen einen Teil des Leidens ab und verkürzen damit deren Entwicklung.

Natürlich geschieht so etwas immer nur in unbedingt erforderlichem Umfang.

Und diese Möglichkeit, daß – in solchen Ausnahmesituationen – einige wenige Menschen für andere Leid übernehmen, vermeidet, daß die Waage aus dem Gleichgewicht gerät.

Dabei geht es jedesmal um das gleiche: Das große ununterbrochene Schließen muß vermieden werden, das totale Abgeschnitten-Sein von der geistigen Energie. Und damit dies gelingen kann, muß ein menschliches Wesen – oder mehrere Menschen gemeinsam – Karma übernehmen, um es zu verarbeiten, um es zu erleiden, um es aufzulösen, und auch, um unter Umständen *den* Krieg zu vermeiden. Doch sollten wir wissen, daß ab einem bestimmten Grad der Entwicklung man diesem Prozeß des Leid-Übernehmens unterworfen ist.

Wir kennen alle diesen Vorgang: das Leid Christi! Christus litt für die Menschen. Er vermittelte ihnen zu jener Zeit einen neuen Schwingungsgrad und gab ihnen damit die Möglichkeit zur Weiterentwicklung. Heute kommen zwar neue Elemente hinzu, aber das Prinzip ist dasselbe.

Nur die Trägheit der Masse ist so groß: Die Menschheit macht einen Schritt nach vorn, bleibt dann aber wieder stehen – und alles geht wieder von vorne los, nur auf einer anderen Stufe.

Und jedesmal gibt diese große kosmische Kraft eine neue Antwort, jedesmal werden neue Wesen entsandt. Und denen sind wieder andere Aufgaben gestellt… Und so können wir verstehen, wenn ein einzelnes Individuum aus dieser großen Masse sich völlig reinigt, dann hat dies Auswirkungen auf die anderen… ein einzelner Mensch oder eine Gruppe von Menschen kann also eine enorme Arbeit für die Menschheit leisten.

Aber ein Mensch kann so etwas natürlich nicht aus sich selbst heraus wollen. Und er kann diese Arbeit selbst nicht leisten. Er kann diese göttliche Kraft aber durch sich wirken und die Arbeit durch sich vollbringen lassen. Er kann akzeptieren, daß durch ihn hindurchgearbeitet wird… Ein einzelner Mensch kann ein Potential von außergewöhnlicher Kraft und mit außergewöhnlichen Möglichkeiten sein.

Wenn er entsprechend empfindsam und offen ist, versehen mit all seinen normalen menschlichen Aufgaben hier innerhalb seines Lebens auf der Erde, mit seinen Verpflichtungen gegenüber seiner Familie, seinen Mitmenschen. Er kann gleichzeitig – wenn er möchte, wenn er bereit ist – mitwirken an einer Aktion, die er nicht erfassen kann…

Teil 3

Kleine, weiterführende Zusammenfassung

Die Transformation der Materie kann nur bei physischer und geistiger Entspannung erfolgen.

Harmonie mit anderen Personen, die in gleichem Maße der Transformation ausgesetzt sind, kann nur dann herrschen, wenn man allen Beteiligten völlige Gedanken- und Bewegungsfreiheit läßt und man ihre Worte und Handlungen nicht zu verstehen versucht, da diese nur zu oft völlig paradox erscheinen.

Die Kraft der Transformation der Materie wirkt über innere Gesetze, die individuell empfunden werden müssen. Diese Gesetze sind nicht im Sinne von Vorschriften, von weiteren Beschränkungen, zu verstehen, sondern im Sinne von Gesetzmäßigkeiten, im Sinne von Wirkungen, Auswirkungen in der Materie. Deswegen kommt es hier auch nicht auf das mentale «äußere» Verstehen an, sondern auf die Vibrationen des Inhaltes, die tiefer gehen, am Intellekt vorbeigehen, und die etwas in uns ansprechen, was diese Gesetzmäßigkeiten längst kennt und nur darauf wartet, herausgelöst zu werden...

Auf diesem Weg wird uns nun die eigene Aufgabe bewußt. Doch ist der Prozeß bei jedem verschieden. Mancher weiß es schon als Kind, er weiß es einfach. Ein anderer ahnt etwas, irgendwann, wenn der Moment gekommen ist. Die Antwort kommt dann von innen, wenn er sein Inneres lebt. Denn jeder Mensch ist anders, jeder fühlt in sich etwas anderes und achtet auf andere kleine Zeichen. Jeder setzt einen Prozeß in Gang, der individuell verschieden ist. Wir arbeiten zwar zusammen, aber wir sollen unabhängig voneinander sein. Unabhängig, weil sonst die Gefahr besteht, daß wir unser Zentrum, unser Inneres schwieriger oder eben gar nicht finden. Wir verlieren sonst unnötig Energie, die uns dann auf dem Weg zu uns selbst fehlt.

Und nun beginnt das Abenteuer! Etwas Neues passiert. Es gibt dann ja kein Schicksal mehr, kein individuelles, irdisches Schicksal. Es gibt nicht mehr die vom eigenen Karma vorgegebene Zukunft. Dann ist der Mensch frei. Dann ist alles offen...

Alles hängt dann vom nächsten Schritt ab – den jeder einzeln für sich geht, freiwillig, unabhängig, individuell, schöpferisch... Dieser nächste Schritt ist dann nicht vorbestimmt. Er ist Schöpfungsakt... individueller Schöpfungsakt!

In dem Moment, in dem man in einen Göttlichen Plan eintritt, tut man seinen ersten Schritt. Und der nächste Schritt hängt von jedem einzelnen ab. Hier beginnt das, was uns erwartet! Hier beginnt das Mysterium!

Nun hat die Menschheit ihren Ursprung nicht in dieser, nicht in unserer Wirklichkeit, sie stammt vielmehr aus anderen Dimensionen, aus anderen Wirklichkeiten mit anderen Zeit- und Raumbegriffen.

Unser materieller Körper aber gehört dieser Welt an. Er benötigt vitale Energien, die den physischen Körper und seine Funktionen zusammenhalten in seiner Welt der Dualität.

Hier empfinden wir warm – kalt, hell – dunkel, gut – nicht gut, aber auch Leben – Tod. Es ist eine Welt der Relativität. *Unsere Welt ist eine Funktion des Mentals.* Dieses entscheidet, was richtig – nicht richtig ist, und zwar auf Grund von Wertmaßstäben, die nicht absolut, sondern abhängig von der individuellen und kollektiven Geschichte sind, von der Bildung des Menschen, seinem sozialen Umfeld und so weiter.

Der Mensch hat natürlich gelernt, die Materie zu analysieren, sie in ihre Bestandteile zu zerlegen, sie umzuformen und auch die physische Materie zu zerstören. Doch er hat noch nicht gelernt, sie neu zu schaffen. Er hat noch nicht gelernt, wirklich schöpferisch zu sein.

Abbildung E: Die Seelenschwingung

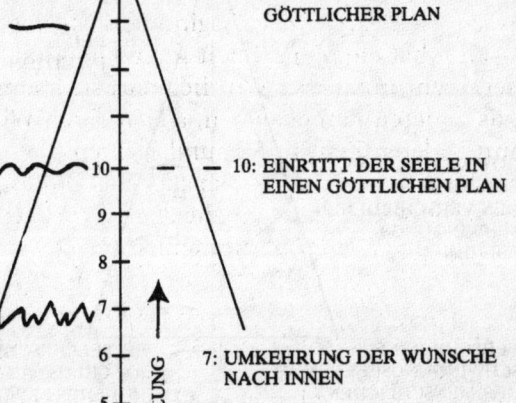

HÖHERES BEWUSSTSEIN

GÖTTLICHER PLAN

b   10   10: EINRTITT DER SEELE IN
                       EINEN GÖTTLICHEN PLAN

9

8

7   7: UMKEHRUNG DER WÜNSCHE
               NACH INNEN

6

5

4

3   3: DURCHSCHNITTLICHER
               DERZEITIGER ENTWICKLUNGS-
2   STAND DER MENSCHHEIT

               WÜNSCHE SIND NACH AUSSEN
1   GERICHTET

a   IRDISCHE EBENE

ENTWICKLUNG

Abbildung F:

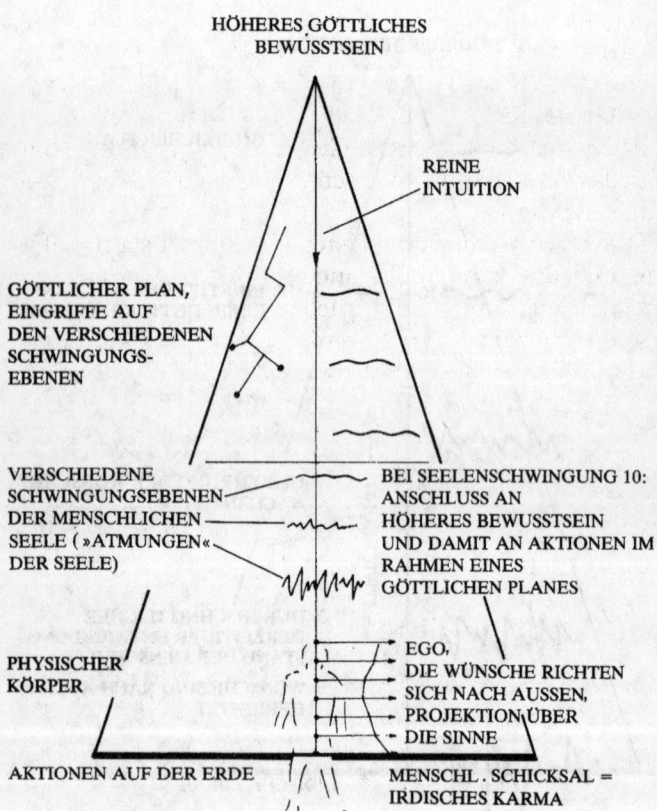

HÖHERES GÖTTLICHES
BEWUSSTSEIN

REINE
INTUITION

GÖTTLICHER PLAN,
EINGRIFFE AUF
DEN VERSCHIEDENEN
SCHWINGUNGS-
EBENEN

VERSCHIEDENE
SCHWINGUNGSEBENEN
DER MENSCHLICHEN
SEELE (»ATMUNGEN«
DER SEELE)

BEI SEELENSCHWINGUNG 10:
ANSCHLUSS AN
HÖHERES BEWUSSTSEIN
UND DAMIT AN AKTIONEN IM
RAHMEN EINES
GÖTTLICHEN PLANES

PHYSISCHER
KÖRPER

EGO,
DIE WÜNSCHE RICHTEN
SICH NACH AUSSEN,
PROJEKTION ÜBER
DIE SINNE

AKTIONEN AUF DER ERDE

MENSCHL . SCHICKSAL =
IRDISCHES KARMA

Und hier nun, an diesem Punkt, erreicht ihn die Hilfe aus Ebenen von jenseits des Mentals, aus anderen Daseinsebenen – und gleichzeitig aus seinem Inneren. Die Hilfe gilt dem Weg, aus der Dualität herauszufinden.

Aber täuschen wir uns nicht: Es wird zu Anfang noch mehr Wirren und Auseinandersetzungen geben, denn dort gibt es keine Systeme, keine Religionen, keine Sekten… dort ist alles eins. Deshalb sind all diese Systeme nicht in Harmonie mit dieser Kraft; und wenn diese Kraft ganz da ist, wird es solche nicht mehr geben, keine Religionen, keine irgendwie gearteten Systeme – die durchaus auch bislang ihre guten Seiten hatten, denn sie wiesen den Menschen eine bestimmte Richtung. Nur der Mensch von heute ist nicht mehr der gleiche Mensch von vor 2000 Jahren.

Auch werden kosmische Gesetze nicht geändert, sondern das Verständnis von ihnen, die Art und Weise, wie sie aufgefaßt werden.

Deswegen werden alle Systeme in sich zusammenfallen, und das kann nicht anders sein! Je weiter diese Energie einströmt, um so mehr wird es zuerst einmal Erschütterungen geben, werden die bisherigen Konstruktionen und Organisationen durcheinandergebracht und auseinanderfallen…

Auch jeder einzelne wird durcheinandergeschleudert und irritiert.

Und – genauso klar ist, daß sich eines Tages, wenn sich diese Macht genügend auf der Erde gefestigt hat – alles wieder beruhigen wird.

Die beiden Energien

Der Mensch in seinem physischen Körper stellt eine
Ansammlung von Vital-Energie dar, die er in der Außenwelt findet. Das Leben in dieser Außenwelt war bisher
nur mit Hilfe der Vital-Energie möglich. Damit der
Mensch sich wohl fühlt, muß dieses Energiepotential
immer maximal sein.

Die Vital-Energie hat nun eine ganz bestimmte Eigenart; sie verhält sich wie ein Magnet, sie besitzt Anzie-
hungskraft. Das heißt, sie ist immer bestrebt, sich noch
mehr von dieser Energie anzulagern. Diese Energie läßt
sich ansammeln, und sie fließt immer dorthin, wo am
stärksten gezogen wird!

Und was passiert, wenn zwei Personen zusammen
sind? Jeder versucht dann, vom anderen etwas zu bekommen. Was dann kommt, das ist der Kampf ums Dasein –
das ist Krieg. Jeder zieht, jeder nimmt, und wer der
Stärkste ist, gewinnt.

Menschen suchen die Gruppe, die Gemeinschaft. Menschen müssen ihre Vital-Energie austauschen, und sie
wollen in einer Gemeinschaft ihr Potential aufladen.

Eine Gruppe stellt ein Potential an Vital-Energie dar.
Wenn jemand «leer» ist, keine Vital-Energie mehr besitzt,
kann er sich dort schnell wieder aufladen, wo viele Menschen zusammen sind.

Es gibt nun Menschen, die die Möglichkeit oder die
Gabe haben, ihre Vital-Energie ohne Unterlaß zu erneu-
ern und weiterzugeben. Sie stellen damit ein gewichtiges
Potential dar und bilden einen gewissen Anziehungs-
punkt für die Umwelt. Diese Personen sind oft Menschen, die andere um sich scharen.

Sobald also Menschen zusammen sind, findet ein solcher Austausch statt. Diese Energie ist allerdings keine

«reine» Energie. Auf Grund ihrer Eigenart findet der Austausch auch nicht auf der Basis eines ausgeglichenen neutralen Gebens und Nehmens statt; denn Ziel, d. h. Prinzip, dieses Energieaustausches ist es ja zu geben, um zu bekommen! Die Vital-Energie hängt zusammen mit den niedrigen Energiezentren, insbesondere mit den ersten drei beziehungsweise vier dieser Zentren: dem Chakra des Sexus, dem der vitalen Bedürfnisse, der Gefühle und mit dem Herzchakra.

Der Energiefluß findet auf diesen Ebenen statt. Wir nennen sie die Ebenen der normalen menschlichen Beziehungen, und wir nennen die Beziehungen Freundschaft oder Liebe. Wenn wir in diesem Zusammenhang von Liebe reden, handelt es sich um die vitale, menschliche Liebe.

Diese Beziehungen funktionieren nur so lange, wie diese Energie fließt, denn wenn der eine nichts mehr gibt – und der andere nichts mehr nehmen kann, dann ist es aus mit der Freundschaft. Und sieht man sie unter dem Gesichtspunkt des Vital-Energieflusses, dann gibt es die normale Freundschaft nicht.

Mechanismen, die auf dem Nehmen beruhen, können auch niemals befriedigt werden; Wünsche, die auf einem vitalen Haben-Wollen beruhen, sind nicht zu befriedigen. Sobald wir etwas bekommen haben, wollen wir wieder etwas anderes – unmittelbar danach.

Wenn wir nun von einer anderen Energie sprechen, von einer reinen Energie, so ist ihr Prinzip anders. Sie arbeitet nach anderen Gesetzen. Was diese Energie hier nimmt, gibt sie dort wieder. Was dort wegfließt, wird hier wieder zugefügt. Nichts geht verloren, alles bleibt erhalten.

Und die menschlichen Beziehungen sind dann echt und dauerhaft – und dies nicht nur nach Maßstäben der irdischen Zeit, sondern auch nach der Zeit der anderen Welt… Menschen, die sich auf dieser Basis zusammenfinden, bleiben auch später zusammen.

Wenn diese andere Wirklichkeit in unsere eindringt,

dann ändern sich die Funktionen der Menschen, dann ist es nicht mehr unser Ego, das liebt; dann ist es das Höhere Bewußtsein, das liebt – oder nicht liebt!, das handelt oder nicht handelt, gibt oder nicht gibt!

Diese Energie ist klar, nüchtern, gerecht. Ihr Prinzip ist das des ausgeglichenen Gebens und Nehmens, des Gebens ohne Gedanken an ein Zurückbekommen. Sie hilft oder hilft nicht – je nach der Richtung, die der Mensch einschlägt, nachdem er einmal eine derartige Hilfe erfahren hat.

Im Gegensatz zur Vital-Energie läßt sie sich nicht aufspeichern. Diese kostbare Energie darf also nicht verschwendet werden für Wünsche und Pläne unseres Egos. Dann ist sie verloren – ungenutzt.

Sie ist kraftvoll, weich und anpassungsfähig. Sie geht mit, schiebt und drückt, aber sie weicht auch aus, gibt nach. Es handelt sich um eine Energie, die nicht konfrontiert, sondern weich umleitet. Sie dirigiert und läßt trotzdem Freiheit, ist kreativ.

Und ganz besonders ist sie einfach. Ihre Kraft liegt in ihrer Einfachheit. Und sie will geben, geben… Aber sie ist auch Perfektion, Mathematik, Präzision. Sie ist Liebe und Unerbittlichkeit. Und sie ist Gerechtigkeit – die absolute, göttliche Gerechtigkeit.

Gefahren des neuen Zustandes

Stellen wir uns ein Individuum bzw. seine Persönlichkeit einmal als Schallplatte vor. Auf ihrer Oberfläche trägt diese Rillen. Die Rillen sollen dem entsprechen, was dieser Mensch den verschiedenen Dingen an Wert beimißt.

Wenn nun die Neue Energie einen gewissen Druck ausübt auf diese Werte, dann werden die Rillen deformiert, das heißt, die Werte ändern sich.

Und jetzt geschieht sehr oft etwas, vor dem wir uns hüten müssen: Man gibt die Neue Energie für etwas aus, was letztendlich nicht mehr vorhanden ist, für eine tiefe Rille, die ja schon längst weniger tief geworden ist auf Grund des Drucks der Neuen Energie. Wir sehen die Dinge schon längst anders, handeln aber noch nicht dementsprechend. Und dies geschieht aus reiner Gewohnheit. Das Ergebnis ist, daß man die neue wertvolle Energie verschwendet – aus Gewohnheit, aus Trägheit. Wir sollten uns bewußt werden, daß eine Änderung mit uns vorgegangen ist, wir sollten diesen Prozeß der Wertänderung bewußt erleben und uns entsprechend verhalten. Und wenn wir uns selbst beobachten, werden wir erstaunt sein, inwieweit wir in alten Gewohnheiten verwurzelt sind, obwohl sie uns eigentlich gar nichts mehr sagen. Wir sollten ganz bewußt einmal etwas tun, was wir vorher nicht getan haben, auch einmal etwas Ausgefallenes.

Was geschieht dann? Wir werden «weicher», flexibler. Und wir werden auch bemerken, daß uns alles immer gleichgültiger wird; alles scheint uns nicht mehr so wichtig zu sein. Wir legen den Umständen und Dingen nicht nur einen neuen, sondern auch einen viel kleineren Wert bei. Es gibt nicht mehr die großen Unterschiede wie früher. *Das ist der Anfang auf dem Weg aus der Dualität.*

Ob es die Familie ist, der Beruf, der Bruder, die Schwester, der Füllhalter, in dem sich keine Tinte mehr befindet, eine Hose, die zu eng geworden ist... Alles das ist jetzt gleich wichtig bzw. gleich unwichtig. Das eine hat nicht mehr Bedeutung als das andere.

Das birgt allerdings auch eine Gefahr in sich. Wir bringen auf der rein materiellen Ebene leicht die Werte durcheinander. Wir beachten nicht mehr, daß *dort* etwas wichtig ist und etwas anderes unwichtig. Denn für uns selbst besteht ja kein Unterschied mehr. Wir kümmern uns dann unter Umständen nicht mehr genügend um Dinge, die auf der nur materiellen Ebene noch wichtig sind, und verbringen vielleicht unsere Zeit mit etwas, das dann weniger wichtig ist. Dieser Zustand ist gefährlich. Wir könnten u. U. nicht mehr wirkungsvoll in der Materie handeln. Wir sollten uns deshalb der Veränderungen bewußt sein, die mit uns geschehen.

Und deshalb sind dann auch die «äußeren Freiheiten» so wichtig. Mit ihnen fällt es leichter, die äußeren Umstände entsprechend der eigenen Entwicklung zu ändern – mit der Freiheit in der Wahl des Arbeitsplatzes oder der Wohnung z. B. oder der Freiheit, ein neues Leben beginnen zu können.

Natürlich sind das Hilfsmittel, und eine Veränderung der äußeren Umstände allein bewirkt noch keine eigene Weiterentwicklung. Aber manchmal hilft es eben, wenn der Druck der Umwelt zu stark ist und wir aus unseren alten Rillen nicht herauskommen. Wir sollten uns auch im klaren darüber sein, daß dieser Prozeß der Wertänderung ohne unser Zutun stattfindet, und zwar nicht nur bei uns, sondern weltweit! Und wir können nichts dagegen tun, selbst wenn wir es wollten. Diese Kraft ist die Kundalini! Sie ist aktiv, um den Platz zu reinigen für ein neues Zeitalter mit anderen Wertbegriffen. Sie bereitet das Terrain vor, und das geschieht sehr konkret. Man kann z. B. sein Gedächtnis verlieren. Ja! Weil dies eine Funktion des Intellektes ist.

Doch an die Stelle des alten Gedächtnisses mit seinem beschränkten Fassungsvermögen kann dann ein anderes Gedächtnis treten, und wir können uns an alles erinnern, denn wir fühlen «dahinter», und dort *ist* alles… Und dann stellen wir fest, daß das neue Funktionieren sogar viel besser geht, einfacher, exakter!

Ebenfalls ändern sich die Sinne. Das heißt, daß z. B. Farben nicht mehr so intensiv wahrgenommen werden und auch das dreidimensionale Sehen, das Wahrnehmen der Tiefe des Raums nicht mehr so stark ist.

Das ist kein Verlust. Denn an die Stelle des sinnlichen Sehens tritt ein anderes Sehen. Man sieht nicht mehr das Äußere der Dinge und deren Wirkung, sondern man sieht das Wesen der Dinge! Der Reiz des Äußeren ist nicht mehr da, man sieht alles «flacher». Doch gleichzeitig sieht man schärfer, sieht man «dahinter». Man sieht, ohne zu sehen. Und wie geschieht das? Das Auge sieht, ohne an den Dingen zu hängen. Es gibt kein Hängen mehr an den Gefühlen, man wertet nicht mehr. Man sieht etwas und – fertig! Man kombiniert nicht mehr: Das ist gut – das ist nicht gut… Es hat eine Umpolung stattgefunden…

Über das Helfen

Die Leute sagen immer, sie wollten frei sein und selbst entscheiden. In Wirklichkeit ist es aber ganz anders. Die meisten Menschen wollen sich in Wahrheit gar nicht um ihre eigenen Angelegenheiten kümmern, um ihre eigenen wirklichen Aufgaben, weswegen sie ja hier sind. Sie haben Angst davor, ihr eigenes Leben zu leben.

Sie suchen nach allen möglichen Ausflüchten und Argumenten, die sie vorschieben, um nicht ihr eigenes Leben leben zu müssen; Verpflichtungen gegenüber den Kindern, gegenüber dem Beruf, gegenüber dem Ehepartner, gegenüber...

Immer glauben sie, Verantwortung gegenüber irgend jemandem zu haben – ein sogenannt «edler» Grund, der sie dafür entschuldigt, daß sie sich nicht um ihre eigenen Angelegenheiten, um ihre eigene Selbstverwirklichung kümmern können.

Solange sie aber das nicht tun, wird es immer wieder die gleichen Probleme geben: Der eine verläßt sich auf den anderen, kümmert sich aber um dessen Angelegenheiten. Dabei kann nur jeder selbst seine eigenen Probleme und seine eigenen Aufgaben lösen. Alles andere ist Illusion und bringt nur Konfusion und Leid mit sich – und – neue karmische Bindungen!!

Sein eigenes Leben zu leben, ist dies nicht eine Art Egoismus?

Es geht darum, sich nicht beeinflussen zu lassen, aber – auch selbst nicht zu beeinflussen. Was allein zählt, ist, daß man sich selber richtig verhält. So gesehen ist dies eine Art Egoismus. Heute denkt aber doch jeder, die Welt ändern zu müssen, indem er die anderen ändert.

Doch die Welt kann er nur ändern, wenn er sich selbst ändert, dadurch, daß er sich selbst richtig verhält. Das ist die erste Voraussetzung, um in die richtige Richtung gehen zu können – und die anderen sich in die Richtung bewegen zu lassen, die sie für richtig halten.

Dabei kann man selbstverständlich Ratschläge und Hilfsangebote geben und auch annehmen, aber man soll nicht beeinflussen und auch sich nicht beeinflussen lassen! Ein bißchen liebevoll korrigieren – aber ansonsten laufen lassen…

Der andere muß die Möglichkeit haben, sich unabhängig zu entwickeln und unabhängig und allein die richtigen Schritte zu tun. Das ist sehr wichtig und gilt für jeden und überall. Denn nur wenn man allein und unbeeinflußt ist, kann man den von innen kommenden Impulsen auf eine bestimmte Situation spontan nachgeben und so reagieren, wie man es von innen heraus fühlt.

Wir denken oft, wir *helfen*. Aber ist es wirklich immer Hilfe, was wir geben? Hilfe geht meistens den Weg des Egos. Hilfe geben, ja – vorausgesetzt man ist selbst «in Null». Wenn der Impuls zum Helfen da ist, warum dann nicht helfen? Doch Hilfe muß von innen kommen, einem spontanen inneren Impuls gehorchen, und zwar aus einer neutralen Position heraus, ohne Ego. Ohne Ego heißt hier ohne mentale Überlegung, ohne Sentimentalität.

Helfen aus einem menschlichen Gefühl heraus und helfen aus neutraler Position mit der Kraft von dahinter kann äußerlich das gleiche sein. Aber das eine Mal kann man falsch liegen und das andere Mal richtig; denn dann ist eine andere Energie beteiligt, ein anderes Potential, und – die Wirkung ist eine andere!

Die Frage «helfen oder nicht helfen» kann uns dann also nicht von außen aufgezwungen werden, weder von sozialen oder moralischen Überlegungen, noch von juristischen oder wirtschaftlichen.

Noch blockieren unsere geschriebenen und ungeschriebenen Gesetze das Herabkommen anderer Energien. Das Karma blockt – und es drängt zur Auflösung. Je stärker die Durchdringung, um so heftiger die Widerstände. Und je sensibler wir werden, um so schwieriger wird es, diese Beschränkungen zu ertragen, diese Trägheit, die direkt weh tut, die uns blockiert, uns abdrängt.

Wir können alle Bücher lesen, die wir lesen wollen – Bücher ersetzen diese Erfahrung nicht. Wenn wir die Gesetze des Karmas, diese Widerstände nicht in uns gespürt haben – unterm Handeln –, wissen wir nicht, um was es geht.

Hilfe ist also ein delikates Phänomen. Was hat der andere wirklich not-wendig? Hilfe kann eine subtile Art der Beeinflussung sein!

Jede Beeinflussung bindet Energie an die Personen, die es betrifft. Und alle Energien, die nicht absolut selbstlos fließen, werden von Körper und Seele gebunden, festgehalten. Sie blockieren und kristallisieren sich in ein negatives Spiegelbild, in Disharmonie, was sich dann in Krankheit, Krieg oder Schicksalsschlägen äußert.

Und noch etwas ist in dem Zusammenhang wichtig: die Ehrlichkeit. Hiermit meine ich nicht so sehr die äußerliche Ehrlichkeit, so wie wir sie erlernt haben. Ich meine die Ehrlichkeit, die von innen kommt. Unser Inneres und unser Äußeres müssen in Harmonie zueinander stehen. Wir können dann äußerlich nichts anderes darstellen, als es unserem Inneren entspricht.

Was somit jeder tun sollte, ist, sich über sich selbst Rechenschaft ablegen und sich fragen, was er ist und was er besitzt.

Und dann sollte er das sein, was er ist, und das haben, was ihm gehört. Damit er, darauf aufbauend, seine «äußeren Freiheiten» realisieren kann.

Er sollte sein eigenes Potential haben, innerlich und äußerlich. Gemeint ist das Potential auf Grund seines Karmas. Mit dem können wir arbeiten, und dies sollten wir nutzen.

Doch heute ist das nicht allgemein so. Jeder hat die Hand in der Tasche des anderen. Das ist die erste Phase der Entwicklung. Das ist die Welt des Vitals: Jeder zieht, jeder versucht zu bekommen – auf Kosten des anderen.

Aber mehr und mehr werden wir heute mit dem konfrontiert, was man selbst ist, mit dem eigenen Potential. Manchmal ist es mehr, als man dachte, manchmal weniger. Das, was bleibt, ist «echter Reichtum». Mancher verliert, ein anderer bekommt Möglichkeiten zugespielt. Jeder *muß* selbst fühlen, dahintersehen und ehrlich zu sich selbst sein.

Und dieses eigene Potential sollte jeder realisieren und sich so seine äußeren Freiheiten schaffen – jeder seine eigenen, je nach seinem Karma und je nach seinen Aufgaben.

Sein Potential sollte man nicht vermischen mit dem Potential anderer oder mit dem, was man für andere verwaltet. Vor allem sollte dieses andere Potential nicht für die Zwecke der Erfüllung von Ego-Wünschen verwendet werden. Jeder sollte nur mit seinem eigenen Potential, seinen eigenen Möglichkeiten leben und funktionieren.

Es kann nur perfekt funktionieren, wenn jeder für sich selbst Individualist ist, wenn jeder mit seinem eigenen Potential, sei dies groß oder gering, unabhängig von den anderen lebt und arbeitet. So ist die Gesellschaft der Zukunft gestaltet.

Auf dieser Basis, aus einer unabhängigen Situation heraus, kann dann der individuelle freie Mensch kommunizieren und sich mit anderen Menschen austauschen. Nun kann er helfen – oder nicht helfen. Aber er tut alles aus freien Stücken, in eigener Verantwortung, ohne jede Verpflichtung, denn die neue Energie ist Geben, ist Öffnung, ist Ausstrahlung.

Aber so wie wir heutzutage, da jeder versucht, den anderen für sich zu verpflichten, zu binden, das große Durcheinander haben, so geht es in Zukunft nicht weiter.

Nehmen und Spekulation sind eine mentale Kombination, und Menschen, die noch so funktionieren, können auf Dauer keinen Erfolg mehr haben, weil ihnen die erforderliche Energie nicht mehr zur Verfügung gestellt wird.

Niemand darf dem anderen etwas nehmen, was ihm nicht gehört. Das ist das Gesetz!

Die neue Energie ist nicht spekulativ, nicht auf ein mentales Ziel hin ausgerichtet. Man denkt und handelt überhaupt nicht mehr, um sich einen Wunsch zu erfüllen oder um zu lernen, zu wissen – oder sich auch nur vermeintlich richtig zu verhalten. Denn dies ist alles Spekulation; ich tue es ja, um irgendwann etwas dafür zu bekommen... Und in dem Maße, wie der einzelne Mensch Individuum wird und sein eigenes Potential um sich sammelt – in dem Maße ist er in der Lage, dieses eigene Potential dem anderen anzubieten und sich mit ihm auszutauschen. – Die Energien müssen in beide Richtungen fließen.

Die äußeren Freiheiten (2)

Weil wir die Impulse des Göttlichen Bewußtseins in uns nicht nur spüren, sondern sie vielmehr in die Tat umsetzen sollen, brauchen wir die Freiheit in der Außenwelt, brauchen wir auch einen bestimmten materiellen Rahmen, eine Mindest-Harmonie um uns herum, dort, wo jeder Mensch seinen Platz hat entsprechend seiner individuellen Aufgabe.

Wer also bereit ist, zusammenzuarbeiten mit dem Höheren Bewußtsein, muß auch bereit sein, diese Mindestvoraussetzung zu schaffen. Dabei hat jeder Mensch andere Bedürfnisse, weil jeder Mensch anders funktioniert.

Ich mache hier noch einmal auf eine Gefahr aufmerksam: Menschen, die meditieren und einen bestimmten geistigen Weg beschreiten, haben irgendwann einmal geistige Erfahrungen, sie haben Einblicke in eine andere Dimension, haben «Lichter» gesehen und so weiter. Und was tun sie dann? Oft geben sie alles her, was sie besitzen; sie legen auf materiellen Besitz keinen Wert mehr. Sie haben etwas anderes gesehen – und ziehen die falschen Schlüsse daraus.

Aber eines Tages werden sie wieder «auf die Erde zurückkommen». Und dann haben sie Probleme. Wenn man jung ist oder wenn es im eigenen Karma, in der eigenen Entwicklung begründet ist, warum soll man nicht eine Zeitlang in diese Richtung gehen? Aber dabei handelt es sich dann um eine Ausbildung, um etwas Vorübergehendes.

Es geht darum – und da kann jeder seinen Teil dazu beitragen –, sich die äußeren materiellen Voraussetzungen zu schaffen, um den Körper in die Lage zu versetzen, entspannt sein zu können, um besser empfangsbereit zu sein und dabei aufmerksam und wachsam, um besser empfinden, besser wahrnehmen und «hinter die Dinge» sehen zu können. Es geht auch darum zu versuchen, sich ein Mindest-Wissen anzueignen über diese Vorgänge.

All das erlaubt dieser Kraft, gegenwärtig zu sein, im stillen und trotzdem aktiv zu wirken – dort, wo wir sind, je nach dem individuellen Schicksal.

Ich sprach vorher vom persönlichen Potential. Es gibt dabei einen materiellen und einen geistigen Aspekt; die materielle Seite geht Hand in Hand mit der Zunahme des geistigen Potentials, das heißt des Potentials an neuer Energie. Beides kann nicht voneinander getrennt werden.

Darum ist der richtige Umgang mit den materiellen Mitteln heute auch eine Frage des richtigen Umgangs mit der neuen Energie. Und die Zukunft funktioniert mit ihr. Alles, was heute mit ihr aufgebaut wird, überdauert und trägt dazu bei, die neue Welt zu schaffen.

Allerdings kann man von dieser Energie nicht beliebig nehmen; sie fließt nur, wenn man mit ihr in Harmonie ist, wenn innerhalb eines Göttlichen Plans bestimmte Aufgaben verwirklicht werden. Das Potential dieses Menschen wird *dann* vergrößert und er hat *dann* die Möglichkeit, wirksamer tätig zu sein.

Das setzt voraus, daß nicht die materiellen Möglichkeiten uns beherrschen, sondern umgekehrt wir die materiellen Mittel, und daß wir sie einsetzen! – Dabei überall einfach sein, natürlich, unkompliziert – vor allem im Denken, im Mental!

Die materiellen Mittel sollen dazu dienen, das schnelle Reagieren und das Eingehen auf die momentanen Forderungen bewerkstelligen zu können.

Es ist ganz wichtig, nicht blockiert zu sein, um sich, sowohl örtlich als auch zeitlich, frei bewegen zu können, um dem Körper seine Weichheit der Reaktion zu erhalten. Schnelles Reagieren ist in Zukunft noch notwendiger als bisher, da die Momente der Chancen und des Handelns immer kürzer aufeinanderfolgen, aber – auch schneller wieder vorbei sind.

Der Sinn des Fortschritts der Zivilisation sollte darin bestehen, dem einzelnen Menschen ein Mehr an Freiheit zu geben. Tut er dies??... An dieser Maxime können wir messen, wo wir heute stehen...

Noch eines möchte ich wieder und wieder betonen: Dieses materielle Potential soll nicht mit Hilfe eines Kredits geschaffen werden. Ein Kredit legt fest und erlaubt nicht, spontan und unbeeinflußt zu reagieren. Mit einem Kredit ist man nicht frei in seinen Handlungen. Er verfälscht unser persönliches Potential. Wir verfügen mit ihm über ein künstliches Potential. Es ist nicht mit der neuen Energie aufgebaut, sondern mit der alten – und damit nicht von Bestand. Der Kredit widerspricht dem Gesetz: mit dem zu handeln, was vorhanden ist. Der Kredit bringt uns auch aus der «richtigen Zeit», aus der Gegenwart, aus dem Jetzt und damit aus der wirklich kreativen Handlung heraus. Wir spekulieren, leben die Zukunft. Der Kredit versetzt uns in die Lage, heute etwas zu kaufen, was wir erst in Zukunft bezahlen – hoffen, bezahlen zu können.

Der Kredit läßt viele Menschen teilhaben an einem kollektiven Fehlverhalten, an einem kollektiven Karma. Das Höhere Bewußtsein gibt oder es gibt nicht. Aber es leiht nicht aus! Niemals Abhängigkeiten!

Unser Mental (2)

Ich glaube, es ist sehr wichtig, daß wir uns die Struktur unseres Mentals und seine Begrenzung noch mal ganz klarmachen.

Da das Mental abhängig ist von der Funktion des Gehirns, sind seine Denkmodelle, sein Weltbild zwangsläufig mechanisch – und damit beschränkt. Diese mentalen Denkmodelle legten sich im Laufe der Zeiten wie Schichten um den «inneren Menschen» und behinderten sein Wirken; und jede neue Erkenntnis, jedes neue Verstandes-Wissen, fügte eine weitere Schicht hinzu und konstruierte gemeinsam mit den übrigen Eigenheiten des «äußeren Menschen», mit seinem Stolz, seinen Gefühlen, seinen Wünschen an einer Schale des Egos.

Die Gesetze unseres Mentals sind die Ursachen und Wirkungen – und sie sind die Assoziationen, die Ideen.

Dieses Mental ist ein phantastisches Werkzeug in unserer Welt. Es bezieht Informationen aus seiner Umwelt und organisiert dementsprechend das Leben des einzelnen.

Es kopiert, es wiederholt das, was andere tun, wenn die Auswertung der Information *für* etwas stimmt... z. B. *für* die Sicherheit unseres Körpers in dieser Welt. Es reagiert und konstruiert, es verbindet tote Dinge miteinander, es versucht, alles unter Kontrolle zu bringen, und dabei sind ihm Systeme und Denkrichtungen usw. als Rahmen willkommen, denn dort kann man sich einordnen – unterordnen. Dort kann man analysieren und auswählen: dies ja – dies nein! Man plant und organisiert. Man läßt den Körper nur noch nachvollziehen, was das Mental festgelegt hat.

Das Mental sucht sich ein Ziel und schaut dann nach einem passenden Weg dorthin. *Hier entsteht Zeit.*

Unser ganzes Leben spielt sich deshalb in geschlossenen Luftblasen ab – jeder hat die seine –, entsprechend der Umgebung, in welcher wir zur Welt gekommen sind, und entsprechend unserer Ausbildung. Unser Leben hängt von den Informationen ab, die wir im Leben bekommen haben.

Eine Weiterentwicklung findet erst statt, wenn das Individuum in der Lage ist, sich aus dieser Luftblase zu befreien.

Dazu muß sich das Individuum zuerst dessen bewußt sein, daß es zwar mit den anderen zusammenhängt, aber doch etwas Unabhängiges ist, und daß es seinen eigenen Weg gehen muß. Dann muß es sich unabhängig machen von den Meinungen und Handlungen der anderen und fortan nur noch den eigenen Impulsen folgen.

Das Ideal wäre, wenn ein Mensch einzig und allein von eigenen Impulsen, aus sich heraus motiviert werden würde, neutral, unbeeinflußt und nicht von mentalen Konstruktionen, Plänen, Vorstellungen; denn diese sind restriktiv und egozentrisch.

Das Mental sollte weich sein – wie Wasser laufen – sich nicht festhalten – nicht starr sein. Das wichtigste ist, daß man vermeiden sollte, es starr werden zu lassen. Es sollte immer nachgeben – immer überall hinlaufen können – wie eine Wasserlache auf einer Tischplatte…

Denn aus Angst und Unbeweglichkeit hat das Mental immer wieder das Bestreben, sich festzuhalten. Man ist dann fixiert auf ein Objekt, und das Mental hält sich an diesem Objekt fest. Das kann eine Weltanschauung sein, ein Ehrenkodex, eine gelernte Moralregel oder etwas Ähnliches.

Entzieht man dem Mental diese Fixierung, dann stößt es ins Leere, es verliert den Halt und bekommt Angst. Und was ist die Konsequenz? Unsicherheit – Depression!

Deswegen stellt sich das Mental immer wieder die Frage, warum etwas geschieht. Wir haben einfach Angst, etwas zu tun, wenn wir nicht wissen, warum es so sein soll. Wir haben Angst, wenn wir glauben, zu diesem oder jenem die erforderliche Kraft nicht zu besitzen. Wir haben Angst, wenn wir nicht im voraus wissen, wie etwas geht.

Wir haben Angst an den Grenzen unserer eigenen Luftblase, Angst dort, wo das Mental seine Kontrollfunktion u. U. aufgeben könnte. Das Mental will innerhalb dieser Blase einordnen, auswählen, planen, organisieren, diskutieren – einfach alles schön im Griff haben.

Und sollte die Luftblase durch Lernfunktion erweitert werden, stellt sich mit Sicherheit das Mental vor diese Tür und – kontrolliert!

Es ist ja dazu da, die äußere Welt, das materielle Dasein verstehen zu können, die Materie zu erkennen, zu analysieren... Das ist für unsere Situation *hier* gut und notwendig.

Aber – um andere Welten zu erfassen, reicht unser Verstand *hier* nicht aus. In dieser Beziehung ist er ein Hindernis, eine Mauer. Und um weiterzukommen, muß diese Mauer durchgängig werden, sie muß eine Tür bekommen, die sich öffnet. Was dahinter ist, ist nur zu erspüren, zu erfühlen – und nicht zu diskutieren.

Wir, unser eigentliches Ich, das ist nicht der Körper, und es ist nicht der Verstand. Wir *sind* das, was «dahinter» ist! Und das zu erfassen liegt jenseits der Funktion des Mentals.

Wir befinden uns in einer Phase der menschlichen Evolution, die so ganz anders ist als alles, was die Menschheit bisher erlebt hat. Der Mensch hat einfach zuviel Angst, etwas zu verlieren: eine Idee, eine Vorstellung, ein Gefühl... Aber immer, wenn man etwas verliert, tritt an die Stelle des Verlorenen etwas anderes. Und das, was an diese Stelle tritt, läßt uns weiter sehen, läßt unser Potential wachsen.

Die äußere Welt, die Bäume, das Haus, der Mond... sind, wie *wir* sie sehen, eine Schöpfung unseres Mentals. Diese existiert, sie ist real, aber sie ist dennoch nicht so, wie wir sie uns vorstellen. Sie ist abhängig von der Funktion unseres Mentals. Und so ist sie eine mechanische, eine «tote» Welt. Sie ist nicht kreativ. Und sie ist nur eine von vielen Welten.

Der Mensch dagegen ist weit mehr! Er kann kreativ sein, sobald er die Fesseln dieser mechanischen Welt überwunden hat.

Sein Mental sperrt ihn in einen Rahmen, und damit ist die Welt für ihn so, wie er sie derzeit sieht: begrenzt. Und somit ist auch der Mensch begrenzt. Er hat sich selbst begrenzt, hat sich Grenzen gesetzt, wo keine Grenzen sind.

Aber der Mensch ist in Wahrheit unendlich, und seine Möglichkeiten sind unendlich. Der Mensch kann unendlich kreativ sein, sobald er seine Grenzen erkennt und sie überwindet.

Das geht allerdings nur, wenn er wieder zu einem Teil des Ganzen wird und wenn er sich bewußtmacht, wie groß einerseits – und wie klein und unbedeutend andererseits er ist. Erst wenn er diese Bescheidenheit, diese Demut wiedergewinnt und wenn ihm bewußt wird, daß er ein Nichts ist – dann kann er alles werden.

Ziel der Entwicklung ist, daß der Mensch wieder schöpferisch tätig sein kann, daß er über die Grenzen seines jetzigen Weltsystems hinauswächst, daß er lebendig wird... , daß er wieder ein ganzer Mensch wird!

Und was kann der Mensch selbst dazu tun?

Er ist nicht in der Lage, eine Methode zu entwickeln, mit der er sich aus diesem System herausbringen könnte. Das ginge nur, wenn er sich auch bereits außerhalb dieses Systems befände.

Das «Dahinter» allein kann ganz individuell, wenn wir «in Null» sind, helfen, wenn wir nicht selbst mit unseren eigenen Methoden und Denkmodellen und Problemen vornan mitmischen.

Das «Dahinter» will und kann heute mit seinem Werkzeug, dem Körper, kooperieren und mit ihm schöpferisch sein.

Das Schöpferische ist aber das Gegenteil vom Mentalen.

Nur, haben wir erst einmal unsere Angst, etwas zu verlieren, fallengelassen und spüren wir dann, wie das Höhere Bewußtsein diese Lücke füllt, dann wissen wir: Wir werden nie dabei verlieren. Jedesmal, wenn etwas fallengelassen wird, eine Konzeption, eine Idee, eine Sentimentalität..., kommt das «Dahinter» und ersetzt es.

Es ist ein sehr einfacher Prozeß. Alles ist da. Alles ist gegenwärtig! Es ist das Einfachste und dadurch das am wenigsten Wahrscheinliche. Es ist das Einfachste und damit... unverständlich.

Das ist es, was die Menschen nicht verstehen können, daß alles da ist, hier und überall, einfach da – ganz einfach!

Es ist zu einfach, als daß wir es verstandesmäßig erfassen können. Denn der Mensch ist von diesem Allgegenwärtigen getrennt – durch sein Mental! Durch ein Mental, das die Fähigkeit besitzt, zu klassifizieren, zu ordnen, einzugliedern, alles in die richtigen Schubladen zu schließen.

Und nun so etwas ganz Einfaches – wo wollen wir das einordnen, ablegen... ?

Die neue Energie handelt so ganz anders. Sie ist weich, flexibel, spontan, unvoreingenommen und möchte sich durch uns realisieren; so – wie wir sind! Und da – wo wir sind! Die einzige Bedingung ist, daß wir «in Null» sind.

Sich selbst beobachten..., nach innen horchen..., neutral sein..., hellwach sein..., bereit sein..., und handeln, wenn der Moment gekommen ist!

Doch was wir auch wissen müssen: Unsicherheit und Zweifel wachsen mit zunehmender Sensibilität. Aber dieser Zweifel, dieses Nicht-Wissen, ist eine gute Ausgangsbasis für eine neutrale Haltung. Denn das bedeutet, nicht festgelegt zu sein.

Unser Mental befindet sich dann «in Null». Das bedeutet, daß, solange uns nicht klar ist, welche von zwei Alternativen wir wählen sollen, beide für uns gleichwertig sind.

Eine solche Patt-Situation beunruhigt zwar das Mental, aber sie ist die ideale Voraussetzung für den Empfang der Intuition. Tun – nicht tun? Soll ich ja – soll ich nein sagen? Will ich – will ich nicht?... Aus dieser unsicheren Haltung heraus – plötzlich – tun wir es.

Wenn wir diesen Impuls spüren, dann muß er sofort verwirklicht werden, denn ein Impuls gilt nur für diesen Moment. Denn in dem Augenblick, wo wir anfangen zu überlegen «ist das auch richtig? – ach, ich muß erst dies und jenes erledigen! – wofür ist das gut?», kann die Gelegenheit schon vorbei sein.

Dann hätten wir wieder einen mentalen Prozeß – und automatisch wird alles blockiert. Denn das Mental will immer eine Technik anwenden, die es gelernt hat. Worauf es ankommt, ist nicht die Technik, sondern der Zustand, der neutrale Zustand – der Zustand, wenn wir «in Null» sind.

Wir sollten nicht einmal den Wunsch haben, etwas «richtig» machen zu wollen. Das allein ist schon Hindernis. Denn sofort würde unser Verstand eingeschaltet, um zu beurteilen, was wohl richtig und was nicht richtig ist. Und die Kraft, die aus unserem Innern herauskommen will, ist blockiert.

Dieses gelassene Zuschauen ist nicht immer einfach. Und wenn wir uns zu stark engagieren, riskieren wir, zuviel eigene Wunschvorstellungen mit ins Spiel zu bringen.

Achten wir auf die äußeren Zeichen, achten wir darauf, was leicht geht. Den «Ball spielen» und beobachten, wohin er rollt.

Man stößt ihn an und sieht zu. Er läuft nach links oder nach rechts, oder er bleibt stehen... Dann wartet man etwas ab, schaut zu... gibt einen neuen Impuls, eventuell in eine etwas andere Richtung... Doch dieses stille Beobachten funktioniert nur, wenn wir innerlich neutral bleiben. Und langsam lernen wir das «Dahinter-Sehen».

Während unser Mental ein Problem direkt angeht, vermeidet die neue Energie die direkte Konfrontation. Sie weicht aus, umgeht, geht mit... Sie nimmt etwas weg – dort, wo es am einfachsten geht, sieht zu, wartet ab, läßt laufen...

Das Höhere Bewußtsein handelt in kleinen, unabhängigen Schritten, die keinen mentalen Sinn ergeben müssen. Doch eines Tages setzen sich zwei, drei, vier oder mehrere Punkte zusammen – und plötzlich ist eine Linie zu erkennen.

Kurze Impulse, kleine Rhythmen, aber was getan wird, wird gut getan, mit Perfektion, bis ins Detail. Dann wird diese Aktion abgeschlossen und eine neue «Null-Lage», eine neutrale Situation, hergestellt. Erst dann wird ein anderes Thema begonnen. So ordnet sich ein Glied an das andere, doch immer geht es nur um gut getane, klare, abgeschlossene Einheiten. Und der nächste Schritt wird erst getan, wenn das Resultat des vorangegangenen feststeht. Es sollen solide Stufen gebaut werden.

So wird auch immer nur so viel dieser neuen Energie zur Verfügung gestellt, wie gerade für jeweils einen Schritt erforderlich ist. Kein Durcheinander, keine Verschwendung; in kleinen Zyklen und kurzen Rhythmen!

Und nach jedem Zyklus eine Atempause.

Auch steht für eine Aufgabe immer die dementsprechende Qualität an Energie zur Verfügung. Wird diese Energie für andere Arbeiten verwendet, dann befindet sich das Individuum nicht in Harmonie mit dieser Energie, und das Ergebnis ist ein Schließen der Energiezentren; das Resultat der Arbeit ist jetzt nicht mehr positiv.

Das Höhere Bewußtsein sucht immer die einfachste Lösung, die Lösung, bei der mit einem Minimum an Energie ein Maximum an Wirkung erreicht wird.

Natürlich können wir nicht alle Probleme lösen, ohne

unseren Verstand zu benutzen. Unser Mental ist dazu da, die Materie zu organisieren. Dazu sollte es eingesetzt werden. Doch wir müssen auch in der Lage sein, dieses Mental beiseite zu lassen.

Geben wir ein Beispiel: Es soll – sagen wir – eine Entscheidung vorbereitet werden:

Zuerst kommt die mentale, gründliche Überprüfung des Problems. Alles anhören – aber beim Anhören sich nicht beeinflussen lassen! Meinungen austauschen. Schließlich liegen mehrere Alternativen vor uns; und wir sind nicht sicher, welche die bessere ist.

Jetzt eine Pause einlegen – Stunden, Tage, Wochen – je nachdem. Alles vergessen, das heißt nicht mehr daran denken, das Mental «auf Null» bringen, das eigene Innere arbeiten lassen. Zeit lassen, damit die Umstände zur Realisierung des Vorhabens oder für eine andere Lösung «geschaffen» werden können. Und dann erst, im letzten Augenblick, wenn der Moment da ist – die Entscheidung treffen! Und zwar entsprechend dem momentanen intuitiven Impuls. Dann weiß man plötzlich: Das ist der richtige Weg. Und man weiß es ohne mentalen Prozeß.

Die Zyklen (2)

Um alles ein wenig besser verstehen zu können, müssen wir auch lernen, die beiden Welten mit den verschiedenen Zeitbegriffen «zusammenzubringen».

Sagt man nicht, daß es in der anderen Dimension keine Zeit gibt?

Nein, so ist es nicht. Es gibt dort eine Zeit, aber es ist eine andere Zeit, ein anderer Zeitbegriff.

Läuft die Zeit dort mit einer anderen Geschwindigkeit ab?

Nein... es herrscht dort ein anderer Zeitbegriff, ein anderes Zeitverständnis. Die irdische Zeit ist nach unseren Begriffen objektiv, meßbar, unterteilt in gleiche Intervalle. Ein Ablauf ist damit im voraus festzulegen, man kann planen.

Die Zeit des Höheren Bewußtseins dagegen besitzt nicht gleiche Intervalle, keinen «mechanischen Ablauf». Die Neue Energie arbeitet nicht kontinuierlich, sondern rhythmisch, in Zyklen.

Unser Zeitgefühl hängt mit der Funktion *unseres* Gehirns zusammen, und dieses funktioniert mechanisch. Damit ist dann auch unsere Zeit «mechanisch».

Der Mensch hat die Maschine erfunden, Maschinen, die sich kontinuierlich drehen und die regelmäßig fabrizieren, Stunde für Stunde, Tag für Tag, wobei es das menschliche Mental ist, das diese Monotonie, diesen mechanischen, toten Ablauf erfunden hat... immer dasselbe... immer dasselbe...

Dieser mechanische Ablauf ist nicht der Rhythmus des Höheren Bewußtseins, denn dessen Rhythmus atmet: einatmen, ausatmen, Pause... Es ist ein eigener, nicht-irdischer Rhythmus, lebendig, schöpferisch.

Und wenn diese andere Zeit in unsere Welt hineinwirkt, dann funktioniert besonders *das* nicht mehr nach unserer Zeit, sondern nach der anderen Zeit, was mit der neuen Energie aufgebaut wird.

In dem Maße, wie sich unser Mental ändert – und es ist dabei, sich zu ändern –, wird sich die Zeit verändern. Man kann diese Rhythmen spüren:

Es gibt Perioden, in denen die Zeit «zusammengepreßt» ist. Wir spüren diesen Zeitdruck, und wir spüren, was alles getan werden kann und muß, fühlen die Möglichkeiten und Chancen. Es ist eine «Öffnung» da, jetzt kann alles schnell und einfach gehen. Es ist «Zyklus oben». Jetzt sollten wir handeln!

Dann später «dehnt sich die Zeit wieder aus». Man ist von diesem Druck befreit, spürt «mehr Zeit».

Aber nun ist auch die Zeit der «Öffnung» vorbei. Dieselbe Aufgabe, die vorher in Tagen oder Wochen hätte erledigt werden können, nimmt nun Monate und Jahre in Anspruch. Es geht langsamer, träger und schwieriger voran. Mehr Hindernisse sind zu überwinden.

Jetzt haben wir «Zyklus unten», und wir täten besser, nichts zu unternehmen oder nichts Neues anzufangen.

Dabei ist es nicht einfach, beide Zeiten zusammenzubringen. Das kann nur gelingen, wenn wir uns auf dem Weg aus der Dualität heraus befinden. Hier die Minuten, Stunden, Tage, dort die Momente, in denen wir nicht in der irdischen Zeit leben. Das geschieht dann, wenn wir intuitiv sind, ganz und gar intuitiv – dann hält sozusagen unser Inneres Selbst Kontakt zur anderen Zeit – während unser irdischer Körper gleichzeitig in dieser irdischen Zeit existiert.

Anfangs ist dies innerhalb eines Tages ein Vorgang von wenigen Sekunden, während derer man völlig intuitiv ist. Später werden daraus Minuten, fünf Minuten... und eines Tages 24 Stunden... Dann verlieren die Minuten und Tage und Wochen ihre Bedeutung...

Dann haben wir gelernt, die Gesetze des Egos mehr und mehr aufzulösen und durch unsere Handlungen – durch das Tun im täglichen Leben – diese neue Energie in die Materie einfließen zu lassen.

Beide Zeiten sind extreme Gegensätze – und beide existieren. Aber da beides gleichzeitig so schwer durchgeführt werden kann, geschieht vorerst eines nach dem anderen.

Beim «Zyklus oben» gehen wir einen Schritt voran, gehen wir mit neuen Impulsen, neuen Möglichkeiten einen Schritt weiter in die Zukunft. Wir bekommen zusätzliches Potential, und zwar unabhängig davon, ob wir «in Null» sind oder nicht – weswegen wir gerade dann besonders aufpassen müssen. Die empfangenen Impulse sind zwar rein, werden aber durch unser Ego verzerrt. Und so machen wir Fehler – oft große Fehler, da wir über zusätzliche Energie verfügen.

Anschließend beim «Zyklus unten» werden wir wieder zurückgestoßen in die harten Realitäten und Beschränkungen des materiellen Lebens. Das Potential zieht sich zurück. Dem Menschen fehlt die inzwischen gewohnte Energie. Er tritt auf der Stelle und wird mit dem Ergebnis seiner Handlungen konfrontiert. Das ist eine Art Zwischenbilanz. Der Mensch erkennt zu der Zeit am besten, was er falsch gemacht hat. Das ist heute die neue Gerechtigkeit.

Und bei jedem Zyklus sind mehr Energie, mehr Kraft dahinter, mehr Möglichkeiten, mehr Chancen, neuer Drang zum Tätigwerden... , aber auch stärkere Widerstände, neue Bewährungsproben, größere Gefahr neuer Fehler... Und danach folgt wieder die Ruhestellung... Und dieses zyklische Zur-Verfügung-Stellen der Energie ist neu! Es bewirkt – in immer kürzeren Abständen, mit immer stärkeren Impulsen – das zunehmende Durcheinander heute – aber auch bessere Entwicklungsmöglichkeiten. Und dahinter wirkt diese Gerechtigkeit.

Jedesmal wird unser Bewußtsein klarer, unsere Atmung weiter. Wir wechseln von einem Gleichgewichtszustand aufwärts in den nächsten – in Zyklen. Und jedesmal müssen wir einen neuen Gleichgewichtszustand wiederfinden. Das ist die zyklische Umpolung.

Früher wurde Gerechtigkeit erwirkt, indem man den Menschen einen äußeren Rahmen gab und sie dazu brachte, sich innerhalb dieses Rahmens zu bewegen. Deswegen gab es immer wieder Menschen, die gesandt wurden, die neue Impulse, neue Informationen brachten, die Gesetze diktierten, perfekte Weisungen erteilten. So hat man ihnen einen Rahmen für ihr Mental gegeben, wurden ihnen Organisationsstrukturen vorgegeben mit Belohnungen und Strafandrohungen.

Auch die Zyklen sind eine Art Rahmen. Aber sie sind mehr Gesetzmäßigkeiten, die im Innern wirken!

Die neue Sensibilität (2)

Die Transformation der Materie ist ein chemisch-physiologischer Prozeß, der von ganz allein funktioniert auf Grund der hochfrequenten Energien – *heute*. Voraussetzung dafür ist, daß man dem normalen täglichen Leben nicht entflieht.

Transformation der Materie heißt auch, die Sensibilität des physischen Körpers zu entwickeln. Der Körper soll mit der gleichen Geschwindigkeit wie die Seele sensibler werden, und das kann er nur durch Handeln lernen. Dort schult er sein körperliches Bewußtsein am Widerstand, auf dem Niveau des physischen Körpers, dem der physischen Nerven, des zentralen Nervensystems, des Gehirns, des Rückenmarks, jener Nerven, die die Bewegungen der Muskeln dirigieren.

Natürlich geschieht dies nicht reibungslos. Das Ego wird sich nicht kampflos auflösen. Deswegen hat ein sensibel gewordenes Nervensystem auch Probleme, es stößt sich an den Widerständen der Materie, an dem Nicht-Wollen der Materie, und das tut weh – körperlich weh.

Einesteils muß man ein solches Nervensystem schützen, andererseits muß man sein Leben leben, seine Aufgaben erfüllen und darf sich nicht in eine Ecke zurückziehen. Darum gezieltes Einsetzen der Energie: keine Verschwendung!

Wir dürfen nicht vergessen, daß die Ursachen für die Probleme nicht in der Außenwelt zu suchen sind, nicht bei den anderen, nicht in der Politik, nicht in den Umweltverwüstungen und so weiter.

Die Ursachen für unsere Probleme liegen zunächst einmal in jedem einzelnen von uns! Das ist unser Karma. Und die Reinigung findet statt, indem wir unsere Probleme, unsere Widerstände überwinden – in der Geschwindigkeit, in der wir bereit sind, unsere Probleme zu bewältigen.

Aber geht es hauptsächlich um die Reinigung des Körpers? Oder auch um die der Seele?

Selbstverständlich um alles. Alles hängt zusammen. Der physische Körper ist zwar der Teil von uns, der sich am stärksten verdichtet hat. Die anderen «Körper» aber sind ebenfalls betroffen. Alles ist eins. Und es geht darum, daß alle Körper bewußt werden.

Für den physischen Körper findet dieser Bewußtseinsprozeß im Tätigsein statt, im Kontakt mit den Widerständen und Reaktionen – dort tauchen dann Fragen auf.

Und diese Fragen werden beantwortet. Vielleicht nicht sofort, aber eines Tages werden die Antworten kommen. Und dann wird auch der Sinn dahinter verständlich, wird der rote Faden deutlich, leben wir unser Leben bewußter.

Fortentwicklung bedeutet höhere Sensibilität. Und sensibler zu werden bedeutet auch, früher zu bemerken, wenn eine Handlung falsch ist, oder sagen wir besser, nicht in Harmonie mit dieser Energie ist. Oft werden wir dabei feststellen, daß wir ein und denselben Fehler wiederholen, wobei wir möglicherweise sogleich erkennen, daß es sich bei dem, was wir gerade tun, um einen Fehler handelt. Wir wissen es, oder besser wir spüren es. Und es ist kein mentaler Prozeß!

Wir wissen, daß etwas falsch ist, und tun es trotzdem. Das sind Übergangsstadien. Dieses Wissen, dieses Spüren ist dann noch nicht bestimmt und deutlich genug.

Aber wir lernen immer mehr, uns selbst zu beobachten. Unser Körper tut etwas, noch motiviert von unserem Ego, vom Wollen unseres Mentals – und unser inneres Selbst sieht zu. Wir beobachten die Handlungen unseres Körpers und erkennen immer klarer den Antrieb dieser Handlungen. Wir werden zum stillen Beobachter.

So sammeln wir Erfahrungen – durch unser Tun. Es

wächst unser Verständnis. Und wir lernen vor allem, neutral zu bleiben. Denn dieses stille Beobachten funktioniert nur, wenn wir innerlich neutral bleiben. Wir werden auch feststellen, daß wir immer die gleichen oder immer den gleichen Fehler machen. Diesen bestimmten Fehler zu machen ist unser individuelles Karma... bis wir es gelernt haben.

Die eigentliche Transformation beginnt also ganz unten, im Umgang mit der Materie. Dort fühlen wir intensiver. Denn tun wir nichts, so lernen wir nicht fühlen. Und fühlen wir nicht, so wird unser Nervensystem nicht sensibler.

Dabei geht es nicht um eine Frage des mentalen Lernens, wie man z. B. einen Ast absägt oder Geschirr spült. Dieses Lernen nützt in diesem Zusammenhang nichts. Es zählt nur, daß man erfühlt, was geschieht, wenn man es tut. Äußerlich gesehen ist es zwar dasselbe, aber es gibt da den Unterschied, daß man in dem einen Fall mit dem Kopf arbeitet und daß man das andere Mal mit dem Nervensystem etwas erfühlt. Nur so über das Nervensystem können unsere Körper zusammenwachsen – durch die Praxis.

So werden unsere materiellen Augen tagtäglich geübt, neue Dinge zu sehen, neue Gegenstände zu erfassen, neue Umstände zu beobachten; was uns wiederum dazu zwingt, sensibler zu werden.

Und die neue Energie in uns ist dabei, sie geht mit, fühlt mit! Von Mal zu Mal gestaltet sich diese Verbindung beider Welten enger und enger – um eines Tages eins zu werden.

Um vollständig im Sinne des Höheren Bewußtseins leben zu können, damit dieses Bewußtsein bis in die letzten Zellen der Fingerspitzen, der Augen, der Zunge, der Ohren gelangen, damit diese Sensibilität überall sein kann, dazu müssen die fünf Sinne immer und immer wieder die vielen Impulse und Gefühle um sich herum aufnehmen.

Es ist dies eine ständige Schulung, eine Schulung, die die äußeren Sinne wieder und wieder durchmachen: neue Formen, neue materielle Gegenstände, neue Worte. Und alles geschieht beim täglichen Tun, beim Hobeln, beim Schreiben, beim Geschirrspülen, beim Spazierengehen.

Es geht um den physiologischen Mechanismus, und dieser ist notwendig! Es handelt sich nicht nur um einen nützlichen Mechanismus, sondern um einen notwendigen.

Es ist ein ständiges Bemühen, bis es so weit ist, daß das Höhere Bewußtsein direkt in der Außenwelt tätig sein kann... Je weiter man sich entwickelt, um so mehr muß man den Kontakt zur materiellen Welt erhalten. Und deswegen ist auch eine geistige Entwicklung nicht getrennt zu sehen von normalen privaten und beruflichen, d. h. materiellen Angelegenheiten.

Man kann nicht sagen, es gibt das Materielle und es gibt das Spirituelle. Das Materielle, das Konkrete, ist dann das Spirituelle. Und das Spirituelle ist dann das Konkrete.

Früher suchte man auch zum Meditieren, zum In-sich-Versenken, bestimmte Orte, Zentren, Ashrams auf. Heute ist die ganze Erde ein Ashram!

Oft stellt man sich vor, daß jemand, der geistig weit entwickelt ist, besondere spirituelle Erlebnisse haben muß. So ist es durchaus nicht. Je weiter man entwickelt ist, um so weniger liefert das Höhere Bewußtsein Beweise!

Das Gegenteil passiert, es gibt um so mehr Probleme und Zweifel, es werden um so mehr kleine Steine in den Weg gelegt, damit der wirkliche Mechanismus ablaufen kann, damit wir am Widerstand fühlen lernen.

Auch besteht die Gefahr, daß spirituelle Erlebnisse den Eindruck vermitteln, man hätte sein Ziel erreicht. Man fixiert sich auf diese Erlebnisse, und gerade das kann die Entwicklung blockieren.

Ich kann nicht oft genug sagen: Je weiter wir uns entwickeln, um so mehr sind wir verpflichtet, erst einmal nach unten zu gehen – dorthin, wo das Ego am stärksten ist – und mit dieser Ebene und Menschen mit starkem Ego Kontakt zu halten.

Solange wir meditieren und entsprechend sensibel sind, halten wir uns im «Reich des Höheren Bewußtseins» auf, was ganz schön ist, solange wir dort sind. Doch irgendwann kommt der Moment, wo wir wieder auf den Boden zurück müssen. Dann gibt es Probleme der Anpassung an die anderen, an die, die «unten» geblieben sind. Je weiter man sich «nach oben» entwickelt, um so weiter muß man wieder «herunterkommen». Das ist das Gesetz der Evolution.

Wir müssen in zwei Welten gleichzeitig leben. Es gibt keine andere Möglichkeit. Wir müssen auch die Gesetze dieser Welt leben – noch –, aber mit einer anderen Sicht, mit einer höheren Sensibilität. Und gleichzeitig müssen wir versuchen, die Gesetze der Neuen Welt zu praktizieren.

Schlußwort

Über eines haben wir noch nicht gesprochen: über die Liebe.

Ich verwende das Wort «Liebe» nicht gern. Wir verbinden zuviel falsche Vorstellungen damit. Jeder will geliebt werden, das ist natürlich. Jeder will nehmen. Was der Mensch normalerweise unter Liebe versteht, bedeutet für ihn, daß er Liebe bekommen will – ein Mechanismus des Ego.

Doch das Höhere Bewußtsein will Liebe im aktiven Sinn, Liebe als Hingabe.

Der einzelne Mensch liebt zuerst seine Eltern, dann seine Geschwister, seine Großeltern. Da geht es um die Liebe innerhalb der Blutsverwandtschaft.

Dann wächst sein Potential, er wird erwachsen. Er liebt seinen Partner, seine Kinder.

Wieder nehmen sein Potential und der Radius seiner Ausstrahlung zu, und er liebt seinen Beruf, seine Kollegen... Und er wächst weiter... er beginnt, sein Vaterland zu lieben, er tut etwas für sein Vaterland...

Später beginnt er alle Menschen zu lieben. Er spendet für das Rote Kreuz usw...

Und jedesmal projiziert er nach draußen auf etwas anderes, jeweils seinem Potential angemessen.

Doch dann schließlich sieht er weiter, größer; und er projiziert sein Sich-Öffnen auf mehr... auf die Menschheit... bis dann eines Tages auch das wieder verschwindet.

Dann spürt er, daß das, was er sucht..., überall ist..., daß es *alles* ist..., daß *alles* da ist...

Noch gibt es «dieser gefällt mir – jener ist mir nicht sympathisch». Aber wenn das Mental durchlässig wird und wir anfangen, Einblick in andere Welten zu bekommen, dann gibt es nur noch diese eine Schwingung – alles ist dann dasselbe! Der eine nimmt dann den Rhythmus des anderen an.

Wenn wir anfangen, «dahinter» zu sehen, sehen wir, daß wir nicht allein sind. Uns wird geholfen, wenn wir offen sind. Doch verhalten wir uns dabei richtig – so wie es jeder für sich verstanden hat, so wie jeder es für sich fühlt! Damit wir in Harmonie sind mit dem, was «dahinter» wirkt, was an unserer Zukunft arbeitet.

Und wir sollten bereit sein, alles immer wieder in Frage zu stellen, immer wieder fallen zu lassen, was wir geschaffen haben – damit alles immer wieder neu arrangiert werden, alles in eine neue Richtung laufen kann...

Dann ist alles offen, dann ist alles möglich... alles! Wir haben nicht genügend Phantasie, um uns vorzustellen, was dann alles geschehen kann...

Die Menschheit hat um eine Antwort gebeten – und Antwort wird kommen! Doch wir müssen Vertrauen haben, müssen uns überantworten und die Energie durch uns hindurchfließen lassen... Dann ist die Antwort da...

...dann *SIND wir* die Antwort!

Abbildung G:
Universelle, kosmische, spirituelle Energie

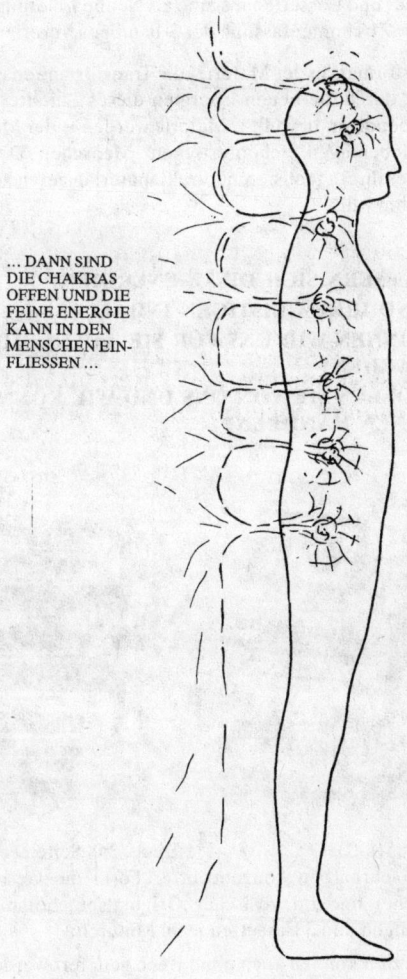

... DANN SIND
DIE CHAKRAS
OFFEN UND DIE
FEINE ENERGIE
KANN IN DEN
MENSCHEN EIN-
FLIESSEN ...

Zeit des Umbruchs –
Zeit des Aufbruchs

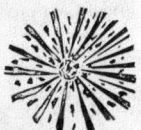

Marcus Allen
Tantra für den Westen
Der direkte Weg zur persönlichen Freiheit (8392)
Astrologie für das Neue Zeitalter (8517)

Lynn Andrews
Die Medizinfrau
Der Einweihungsweg einer weißen Schamanin (8094)

Itzhak Bentov
Auf der Spur des wilden Pendels
Abenteuer im Bewußtsein (7973)
Comic Book
Wie die Schöpfung funktioniert (8334)

Joachim-Ernst Berendt
Nada Brahma – die Welt ist Klang (7949)
Das Dritte Ohr
Vom Hören der Welt (8414)

Morris Berman
Wiederverzauberung der Welt
Am Ende des Newtonschen Zeitalters (7941)

Arthur J. Deikmann
Therapie und Erleuchtung
Die Erweiterung des menschlichen Bewußtseins (8089)

Larry Dossey
Die Medizin von Raum und Zeit
Ein Gesundheitsmodell. Vorwort von Fritjof Capra (8327)

Norbert A. Eichler
Das Buch der Wirklichkeit
Das I Ging für das Wassermann-Zeitalter (7921)

Reshad Feild
Leben um zu heilen (8509)
Schritte in die Freiheit
Die Alchemie des Herzens (8503)

Piero Ferrucci
Werde was du bist
Selbstverwirklichung durch Psychosynthese (7980)

rororo
sachbuch
transformation

C 2296/3

Michael Harner
Der Weg des Schamanen
Ein praktischer Führer zur inneren Heilkraft (7989)

Paul Hawken
Der Zauber von Findhorn
Ein Bericht (7953)

Jean Houston
Der mögliche Mensch
Handbuch zur Entwicklung des menschlichen Potentials
(8323)

George Leonhard
Der Rhythmus des Kosmos (7959)

Lawrence LeShan
Von Newton bis PSI
Neue Dimensionen im Umgang mit der Wirklichkeit (7966)

Douglas Lockhart
Wer den Wind reitet
Ein westlicher Weg zum Selbst (8370)

Jeff Love
Die Quantengötter
Ursprung und Natur von Materie und Bewußtsein (8418)

David Loye
Die Sphinx und der Regenbogen
Das Potential unseres Bewußtseins, die Zukunft
voraussehen (8461)

Bruno Martin
Handbuch der spirituellen Wege
Überarbeitete Neuausgabe (7909)

Caitlin und John Matthews
Der westliche Weg
Ein praktischer Führer in die alten Geheimlehren
Band 1: (8483)
Band 2: (8510)

Hermann Meyer
Astrologie und Psychologie
Eine neue Synthese (7995)

Peter O'Connor
Innere Welten
C.G. Jung verstehen – sich selbst verstehen (8438)

C 2296/3 a

Peter Orban
PLUTO
Über den Dämon im Innern der eigenen Seele (8530)

Psychologie in der Wende
Grundlagen, Methoden und Ziele der Transpersonalen
Psychologie. Eine Einführung in die Psychologie
des Neuen Bewußtseins.
Herausgegeben von Roger N. Walsh und
Frances Vaughn (8362)

Jeremy Rifkin
Kritik der reinen Unvernunft
Pamphlet eines Häretikers (8317)

Theodore Roszak
Mensch und Erde auf dem Weg zur Einheit
Ein Manifest (7998)

Stephano Sabetti
Lebensenergie
Erscheinungsformen und Wirkungsweise –
ein ganzheitliches Erklärungsmodell (8356)

E. F. Schumacher
Rat für die Ratlosen
Vom sinnerfüllten Leben (8311)

Idries Shah
Das Zauberkloster
Alte und neue Sufi-Geschichten (8303)
Denker des Ostens
Studien in experimenteller Philosophie (8452)

Mary Summer Rain
Spirit Song
Der Weg einer Medizinfrau (8537)

Jeremy Taylor
Das innere Universum
Die schöpferische Kraft der Träume (8490)

William Irwing Thompsen
Der Fall in die Zeit
Mythologie, Sexualität und Ursprung der Kultur (8341)

Uwe Topper
Wiedergeburt
Das Wissen der Völker (8430)

C 2296/3 b